张晓飞　张源源　李维国　主编

巴西橡胶树品种原色图谱

中国农业科学技术出版社

图书在版编目（CIP）数据

巴西橡胶树品种原色图谱/张晓飞，张源源，李维国主编 . -- 北京：中国农业科学技术出版社，2023.6

ISBN 978-7-5116-6311-5

Ⅰ.①巴⋯　Ⅱ.①张⋯ ②张⋯ ③李⋯　Ⅲ.①橡胶树—品种—图谱　Ⅳ.① S794.1-64

中国国家版本馆 CIP 数据核字（2023）第 106899 号

责任编辑	史咏竹
责任校对	王　彦
责任印制	姜义伟　王思文

出 版 者	中国农业科学技术出版社
	北京市中关村南大街 12 号　　邮编：100081
电　　话	（010） 82105169 （编辑室）　　（010） 82109702 （发行部）
	（010） 82109709 （读者服务部）
网　　址	https://castp.caas.cn
经 销 者	各地新华书店
印 刷 者	北京地大彩印有限公司
开　　本	185 mm×260 mm　1/16
印　　张	12.5
字　　数	185 千字
版　　次	2023 年 6 月第 1 版　2023 年 6 月第 1 次印刷
定　　价	96.00 元

《巴西橡胶树品种原色图谱》
编　委　会

前　言

　　天然橡胶是重要的战略物资和工业原料，是从产胶植物中采收其胶乳加工而成。世界上能产胶的植物有 2000 余种，由于巴西橡胶树（*Hevea brasiliensis* Müll. Arg.）具有产量高、品质好、经济寿命长的特点，以及栽培容易、采割方便、生产成本低等优点，其产量已占世界天然橡胶总产量的 98% 以上。

　　巴西橡胶树原产于南美洲亚马孙河流域，喜高温高湿，是典型的热带雨林树种。在 19 世纪 80 年代西方国家的第二次产业革命过程中，英国医生邓禄普（Dunlop）于 1888 年发明了充气轮胎，标志着天然橡胶应用的开始。1876 年英国人魏克汉（H. A. Wickham）把橡胶树的种子和幼苗从巴西运回伦敦皇家植物园邱园（Kew Garden）繁殖，随后将培育的橡胶苗运往锡兰（今斯里兰卡）、马来西亚、印度尼西亚等地种植，均获成功，完成了橡胶树野生到人工栽培的转变。如今，东南亚是世界上最大的天然橡胶产地。我国自 1906 年开始种植橡胶树，现主要分布于北纬 18°～24° 区域的广东、海南和云南等地，面积超过 110 万公顷，居世界第四位，年产量超过 80 万吨，居世界第五位。

　　巴西橡胶树人工栽培后，以产量提升为主要目标的品种选育工作在各植胶国相继开展。经过一个多世纪的发展，先后选育和推广了系列优良品种，如马来西亚的 PB 系列、RRIM 系列，印度尼西亚的 PR 系列、IRR 系列，越南的 RRIV 系列，斯里兰卡的 RRIC 系列，中国的热研系列、云研系列等，为推动世界天然橡胶产业的发展发挥了重要作用。天然橡胶产量从未经选择的实生树的 400 千克 /（公顷·年）提升到 1400 千克 /（公顷·年）以上，其中，越南和印度产量超过 1600 千克 /（公顷·年）。在个别品种上，马来西亚新品种 RRIM3001 的产量接近 3000 千克 /（公顷·年），印度尼西亚新品种 IRR104、IRR112、IRR118 和 IRR220 等也超过 2000 千克 /（公顷·年）。我国橡胶树育种虽然起步较晚，但目前产量也接近 1200 千克 /（公顷·年），其中，高产品种热研 879 达到了 3000 千克 /（公顷·年）的国际最高水平。

为方便相关人员更直观地辨别各品种间的差异，由中国热带农业科学院橡胶研究所组织，联合云南、广东、海南等地科研单位的专家，共同编写了《巴西橡胶树品种原色图谱》。本书参照《橡胶树种质资源描述规范》《橡胶树 DUS 测试指南》等系列标准，以收集到的国内外橡胶树育成品种为材料，调查了叶蓬、三小叶姿态、叶片形状等 15 个性状，采集了叶痕形状、胶乳颜色、叶蓬形状等图像并进行注释，图文并茂地对不同品种进行描述，希望能给橡胶树育种领域的科研人员、橡胶专业的高校师生及植胶生产者等在品种鉴定上提供参考。

由于不同品种橡胶树的物候期存在差异，植物学的性状鉴定存在主观性，书中疏漏和错误在所难免，敬请广大读者不吝指正。

编　者

2023 年 3 月

目 录

上篇　国外引进的巴西橡胶树品种

下篇　国内培育的巴西橡胶树品种

各品种图谱排列位置

叶蓬		三小叶姿态
		侧小叶基部形状
叶片形状	叶痕	胶乳颜色	大叶柄姿态
	大叶柄形状		

上　篇

国外引进的巴西橡胶树品种

AVROS255

◎ **选育单位**　印度尼西亚苏门答腊橡胶种植者协会

◎ **品种来源**　AVROS36×不明

◎ **植物学特征**　叶蓬截顶圆锥形。大叶柄直，下垂。三小叶靠近或分离，中间小叶与侧小叶相似度高，侧小叶基部对称。叶色绿，有一定光泽，叶面平滑，叶缘具中波浪，叶片菱形，叶顶部芒尖，基部钝形。叶痕马蹄形，芽眼与叶痕距离近。胶乳呈白色。

AVROS322

◎ **选 育 单 位**　印度尼西亚苏门答腊橡胶种植者协会

◎ **品 种 来 源**　不明

◎ **植物学特征**　叶蓬半球形。大叶柄直，呈上仰姿态。三小叶重叠，中间小叶与侧小叶相似度高，侧小叶基部外斜。叶色深绿，光泽度弱，叶缘具大波浪，叶片倒卵状椭圆形，叶顶部芒尖，基部钝形。叶痕马蹄形，芽眼与叶痕距离近。胶乳呈白色。

AVROS352

◎ 选 育 单 位　印度尼西亚苏门答腊橡胶种植者协会

◎ 品 种 来 源　AVROS164×AVROS161

◎ 植物学特征　叶蓬半球形。大叶柄直，呈上仰姿态。三小叶重叠，中间小叶与侧小叶相似度低，侧小叶基部内斜。叶色深绿，光泽度弱，叶缘具大波浪，叶片椭圆形，叶顶部渐尖，基部钝形。叶痕半圆形或马蹄形，芽眼与叶痕距离近。胶乳呈白色。

AVROS385

◎ **选育单位**　印度尼西亚苏门答腊橡胶种植者协会

◎ **品种来源**　AVROS157 × AVROS161

◎ **植物学特征**　叶蓬弧形或半球形。大叶柄直，呈平伸姿态。三小叶分离，中间小叶与侧小叶相似度高，侧小叶基部对称。叶色绿，有一定光泽，叶面平滑，叶缘具大波浪，叶片倒卵形，叶顶部渐尖，基部楔形。叶痕半圆形，芽眼与叶痕距离近。胶乳呈浅黄色。

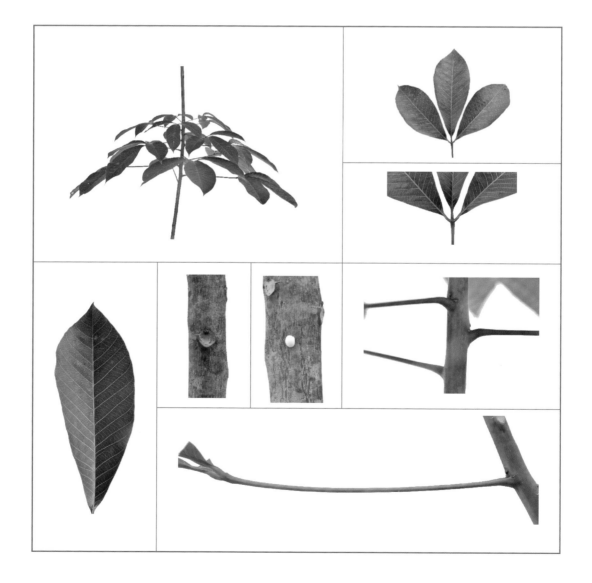

AVROS427

◎ 选 育 单 位　印度尼西亚苏门答腊橡胶种植者协会

◎ 品 种 来 源　AVROS214 × AVROS256

◎ 植物学特征　叶蓬弧形或半球形。大叶柄直，呈上仰姿态。三小叶重叠，中间小叶与侧小叶相似度高，侧小叶基部对称。叶色浅绿，光泽度较弱，叶面粗糙，叶缘具大波浪，叶片倒卵形，叶顶部渐尖，基部楔形。叶痕半圆形或马蹄形，芽眼与叶痕距离近。胶乳呈白色。

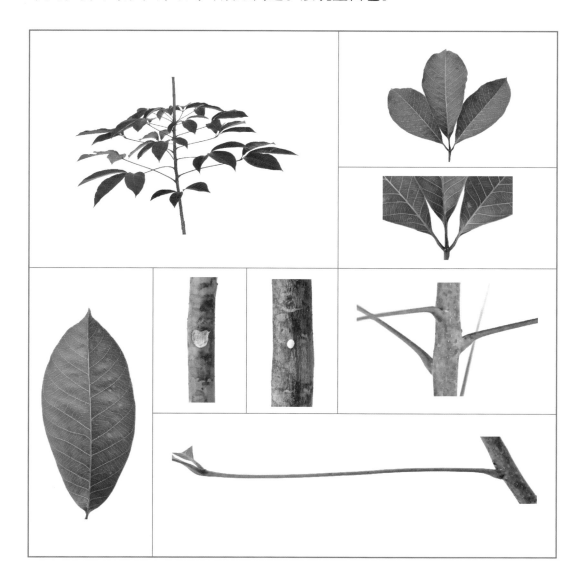

AVROS1060

◎ **选育单位**　印度尼西亚苏门答腊橡胶种植者协会

◎ **品种来源**　不明

◎ **植物学特征**　叶蓬半球形。大叶柄直，呈平伸姿态。三小叶重叠，中间小叶与侧小叶相似度低，侧小叶基部对称。叶色深绿，光泽度强，叶缘具大波浪，叶片椭圆形，叶顶部渐尖，基部钝形。叶痕半圆形或马蹄形，芽眼与叶痕距离近。胶乳呈浅黄色。

AVROS1734

◎ 选育单位　印度尼西亚苏门答腊橡胶种植者协会

◎ 品种来源　AVROS214 × AVROS374

◎ 植物学特征　叶蓬弧形或半球形。大叶柄直，呈下垂姿态。三小叶靠近或重叠，中间小叶与侧小叶相似度高，侧小叶基部外斜。叶色绿，光泽度强，叶面平滑，叶缘具大波浪，叶片椭圆形，叶顶部渐尖，基部钝形。叶痕心脏形，芽眼与叶痕距离中等。胶乳呈白色。

AVROS2037

◎ **选 育 单 位** 印度尼西亚苏门答腊橡胶种植者协会

◎ **品 种 来 源** AVROS256 × AVROS352

◎ **植物学特征** 叶蓬半球形。大叶柄直，呈平伸姿态。三小叶显著分离，中间小叶与侧小叶相似度高，侧小叶基部对称。叶色绿，有一定光泽，叶面粗糙，叶缘具中波浪，叶片椭圆形，叶顶部渐尖，基部楔形。叶痕半圆形，芽眼与叶痕距离近。胶乳呈白色。

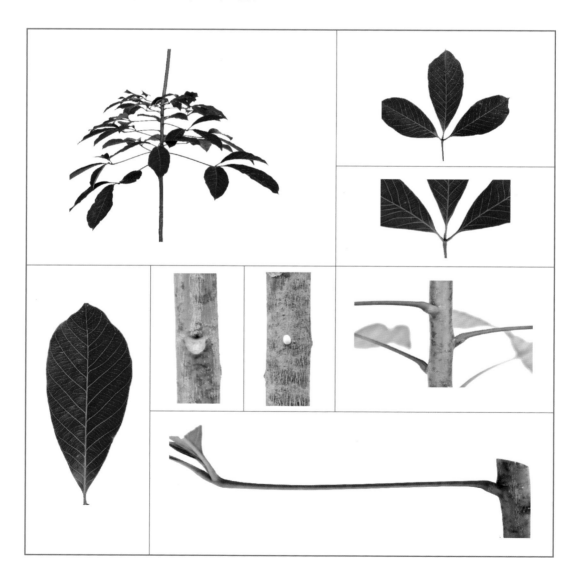

CDC312

◎ 选育单位　马来西亚 Chemara 种植园

◎ 品种来源　AVROS308 × MDX40

◎ 植物学特征　叶蓬半球形。大叶柄弓形，呈上仰姿态。三小叶显著分离，中间小叶与侧小叶相似度高，侧小叶基部对称。叶色绿，有一定光泽，叶面较光滑，叶缘具中波浪，叶片椭圆形，叶顶部渐尖，基部楔形。叶痕心脏形，芽眼与叶痕距离近。胶乳呈白色。

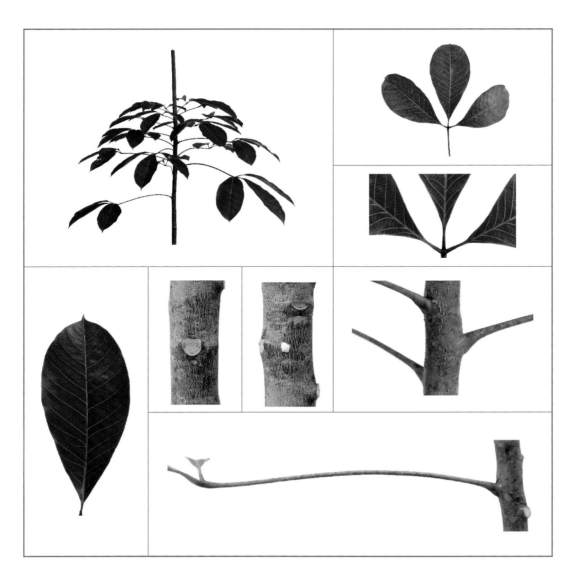

FDR5665

◎ 选 育 单 位　法国农业国际合作研究发展中心危地马拉试验站

◎ 品 种 来 源　HARBEL62 × MDX25

◎ 植物学特征　叶蓬半球形。大叶柄直，呈平伸姿态。三小叶显著分离，中间小叶与侧小叶相似度高，侧小叶基部对称。叶色绿，有一定光泽，叶面较光滑，叶缘具大波浪，叶形倒卵形，叶顶部渐尖，基部渐尖。叶痕半圆形，芽眼与叶痕距离远，胶乳呈白色。

FDR5788

◎ 选育单位　法国农业国际合作研究发展中心危地马拉试验站

◎ 品种来源　HARBEL8 × MDF180

◎ 植物学特征　叶蓬弧形至半球形。大叶柄直，呈平伸姿态。三小叶重叠，中间小叶与侧小叶相似度高，侧小叶基部对称。叶色深绿，有一定光泽，叶面较光滑，叶缘具大波浪，叶形倒卵形，叶顶部渐尖，基部渐尖。叶痕马蹄形或心脏形，芽眼与叶痕距离近。胶乳呈白色。

FX3899

◎ 选育单位　巴西福特公司橡胶种植园
◎ 品种来源　F4542 × AVROS363
◎ 植物学特征　叶蓬半球形。大叶柄直，呈下垂姿态。三小叶分离，中间小叶与侧小叶相似度高，侧小叶基部对称。叶色绿，光泽度强，叶面较光滑，叶缘具大波浪，叶形椭圆形，叶顶部渐尖，基部渐尖。叶痕心脏形，芽眼与叶痕距离近。胶乳呈白色。

GT1

◎　**选育单位**　印度尼西亚中东爪哇试验站

◎　**品种来源**　初生代无性系

◎　**植物学特征**　叶蓬半球形。大叶柄直，呈平伸姿态。三小叶分离，中间小叶与侧小叶相似度高，侧小叶基部对称。叶色绿，光泽度弱，叶面光滑，叶缘具大波浪或无，叶片为较长的椭圆形或卵状的椭圆形，叶顶部芒尖，基部楔形。叶痕心脏形至马蹄形，芽眼与叶痕距离近。胶乳呈白色。

IAN873

◎ 选 育 单 位　巴西北方农业科学研究所

◎ 品 种 来 源　PB86 × FA1717

◎ 植物学特征　叶蓬半球形或圆锥形。大叶柄直，呈平伸姿态。三小叶分离，中间小叶与侧小叶相似度高，侧小叶基部对称。叶色深绿，有光泽，叶缘具大波浪，叶片倒卵形，叶顶部钝尖，基部楔形。叶痕半圆形，芽眼与叶痕距离近。胶乳呈白色。

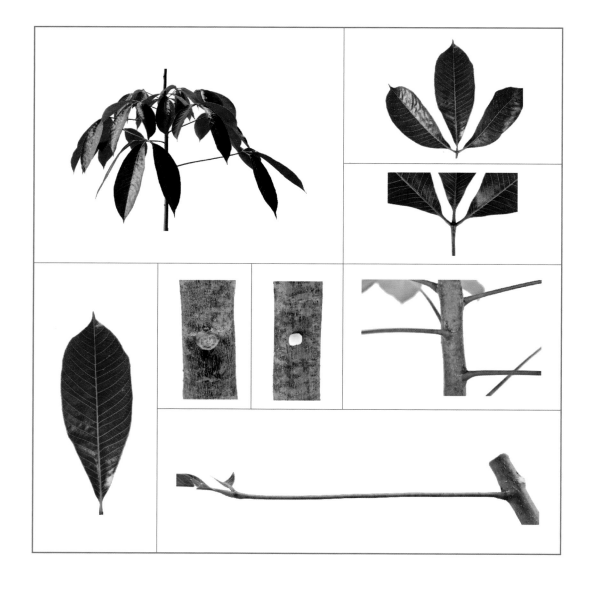

IAN2828

○ **选育单位** 巴西北方农业科学研究所

○ **品种来源** 不明

○ **植物学特征** 叶蓬半球形。大叶柄直，呈平伸姿态。三小叶靠近或重叠，中间小叶与侧小叶相似度高，侧小叶基部对称。叶色绿，光泽度较强，叶缘具小波浪，叶片倒卵形，叶顶部渐尖，基部渐尖。叶痕心脏形或三角形，芽眼与叶痕有一定距离。胶乳呈白色。

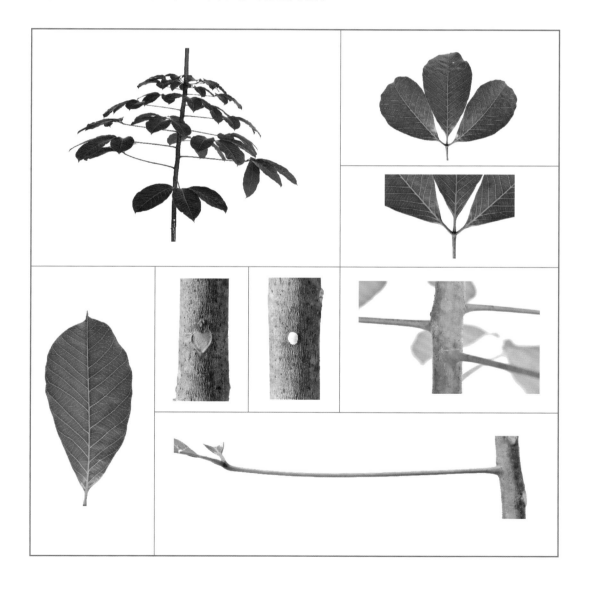

IAN2887

◎ **选 育 单 位** 巴西北方农业科学研究所

◎ **品 种 来 源** 不明

◎ **植物学特征** 叶蓬半球形或截顶圆锥形。大叶柄直，呈平伸姿态。三小叶靠近至重叠，中间小叶与侧小叶相似度高，侧小叶基部外斜。叶色深绿，有一定光泽，叶缘具大波浪或无，叶片倒卵形，叶顶部急尖，基部钝形。叶痕半圆形，芽眼与叶痕有一定距离。胶乳呈白色。

IRCA19

○ **选育单位**　越南橡胶研究所

○ **品种来源**　PB5/51 × RRIM605

○ **植物学特征**　叶蓬弧形。大叶柄直，呈平伸姿态。三小叶靠近，中间小叶与侧小叶相似度高，侧小叶基部对称。叶色深绿，有一定光泽，叶缘具大波浪或无，叶片倒卵形，叶顶部渐尖，基部楔形。叶痕近圆形，芽眼与叶痕有一定距离。胶乳呈白色。

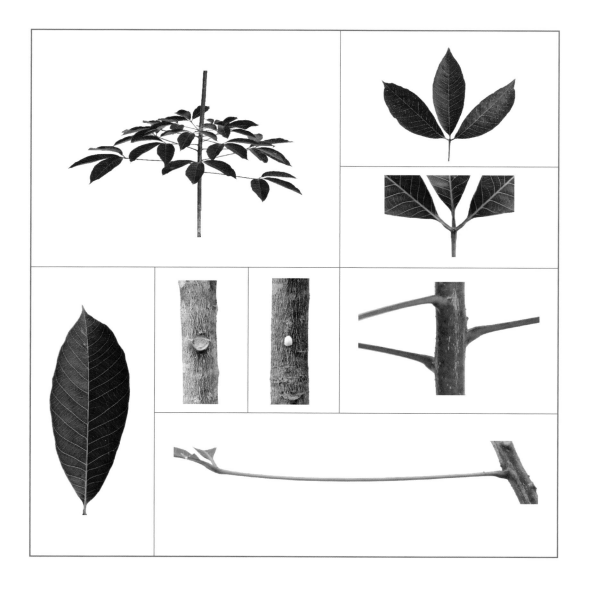

IRCA230

◎ 选 育 单 位　印度尼西亚橡胶研究所

◎ 品 种 来 源　GT1 × PB5/51

◎ 植物学特征　叶蓬半球形。大叶柄直，呈平伸姿态。三小叶分离，中间小叶与侧小叶相似度高，侧小叶基部对称。叶色浅绿，有一定光泽，叶缘具大波浪或无，叶片倒卵状椭圆形，叶顶部渐尖，基部渐尖。叶痕马蹄形或心脏形，芽眼与叶痕有一定距离。胶乳呈白色。

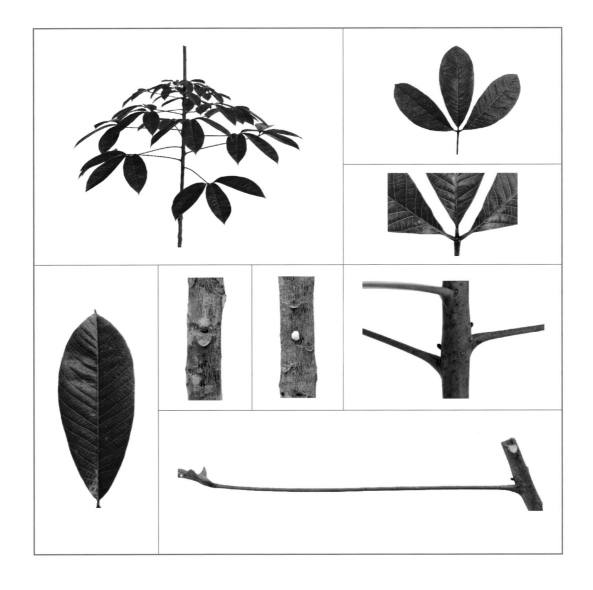

IRCA307

◎ 选 育 单 位　科特迪瓦农业研究中心

◎ 品 种 来 源　GT1×IR22

◎ 植物学特征　叶蓬半球形。大叶柄直，呈平伸姿态。三小叶靠近或重叠，中间小叶与侧小叶相似度高，侧小叶基部对称。叶色绿，有一定光泽，叶缘具大波浪或无，叶片椭圆形，叶顶部渐尖，基部渐尖。叶痕马蹄形，芽眼与叶痕有一定距离。胶乳呈白色。

IRCA323

◎ **选 育 单 位**　科特迪瓦农业研究中心

◎ **品 种 来 源**　GT1 × PB5/51

◎ **植物学特征**　叶蓬半球形至截顶圆锥形。大叶柄直，呈下垂姿态。三小叶重叠，中间小叶与侧小叶相似度高，侧小叶基部对称。叶色绿，有一定光泽，叶缘具大波浪或无，叶片倒卵形，叶顶部渐尖，基部渐尖。叶痕半圆形，芽眼与叶痕有一定距离。胶乳呈白色。

IRCA804

◎ **选育单位** 印度尼西亚橡胶研究所

◎ **品种来源** PB5/51×RRIC110

◎ **植物学特征** 叶蓬半球形至截顶圆锥形。大叶柄直，呈平伸姿态。三小叶靠近或重叠，中间小叶与侧小叶相似度高，侧小叶基部对称。叶色浓绿，有一定光泽，叶缘具大波浪，叶片倒卵状椭圆形，叶顶部急尖，基部渐尖。叶痕心脏形，芽眼与叶痕近。胶乳呈白色。

IRR39

◎　选育单位　　印度尼西亚橡胶研究所

◎　品种来源　　LCB1320×FX25

◎　植物学特征　　叶蓬弧形至半球形。大叶柄直，呈上仰姿态。三小叶靠近或重叠，中间小叶与侧小叶相似度中等，侧小叶基部对称。叶色绿，有一定光泽，叶缘具大波浪，叶片倒卵状椭圆形，叶顶部渐尖，基部渐尖。叶痕心脏形或马蹄形，芽眼与叶痕近。胶乳呈白色。

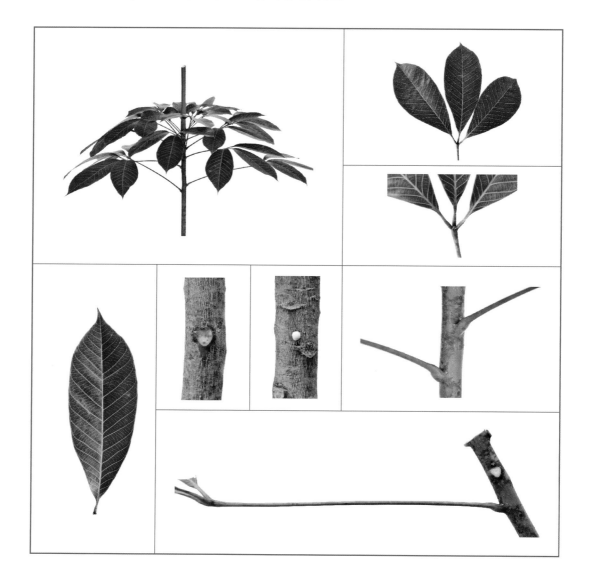

IRR107

◎ 选 育 单 位　印度尼西亚橡胶研究所

◎ 品 种 来 源　BPM101 × FX2784

◎ 植物学特征　叶蓬半球形。大叶柄直，呈平伸姿态。三小叶显著分离，中间小叶与侧小叶相似度高，侧小叶基部对称。叶色深绿，光泽度强，叶缘具大波浪，叶片倒卵状椭圆形，叶顶部急尖，基部渐尖。叶痕半圆形或马蹄形，芽眼与叶痕近。胶乳呈白色。

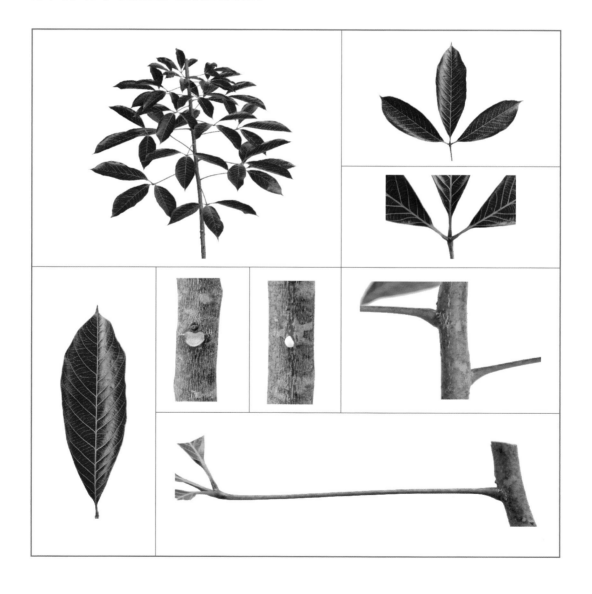

PB86

◎ 选 育 单 位　马来西亚 PB 公司

◎ 品 种 来 源　初生代无性系

◎ 植物学特征　叶蓬半球形至截顶圆锥形。大叶柄直，呈上仰姿态。三小叶分离，中间小叶与侧小叶相似度高，侧小叶基部对称。叶色绿，有明显光泽，叶缘具大波浪或无，叶片倒卵形至长倒卵形，叶顶部渐尖，基部渐尖。叶痕心脏形或马蹄形，芽眼与叶痕有一定距离。胶乳呈白色。

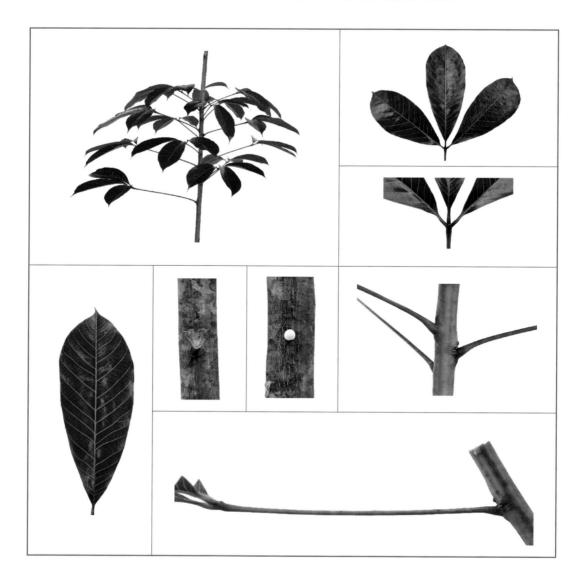

PB213

◎ **选 育 单 位**　马来西亚 PB 公司

◎ **品 种 来 源**　不明

◎ **植物学特征**　叶蓬半球形。大叶柄直，呈上仰姿态。三小叶分离，中间小叶与侧小叶相似度高，侧小叶基部对称。叶色深绿，有明显光泽，叶缘具大波浪或无，叶片倒卵状椭圆形，叶顶部急尖，基部渐尖。叶痕心脏形或马蹄形，芽眼与叶痕距离近。胶乳呈白色。

PB218

◎ 选 育 单 位　马来西亚 PB 公司

◎ 品 种 来 源　不明

◎ 植物学特征　叶蓬半球形。大叶柄直，呈上仰姿态。三小叶靠近或重叠，中间小叶与侧小叶相似度低，侧小叶基部对称。叶色深绿，光泽度弱，叶缘具中波浪，叶片倒卵状椭圆形，叶顶部急尖，基部渐尖。叶痕心脏形或马蹄形，芽眼与叶痕距离远。胶乳呈白色。

PB235

◎ 选 育 单 位　马来西亚 PB 公司

◎ 品 种 来 源　PB5/51 × PBS/78

◎ 植物学特征　叶蓬弧形至半球形。大叶柄直，呈下垂姿态。三小叶分离，中间小叶与侧小叶相似度高，侧小叶基部对称。叶色浅绿，光泽度一般，叶缘具大波浪或无，叶片椭圆形，叶顶部渐尖，基部渐尖。叶痕心脏形或马蹄形，芽眼与叶痕距离近。胶乳呈白色。

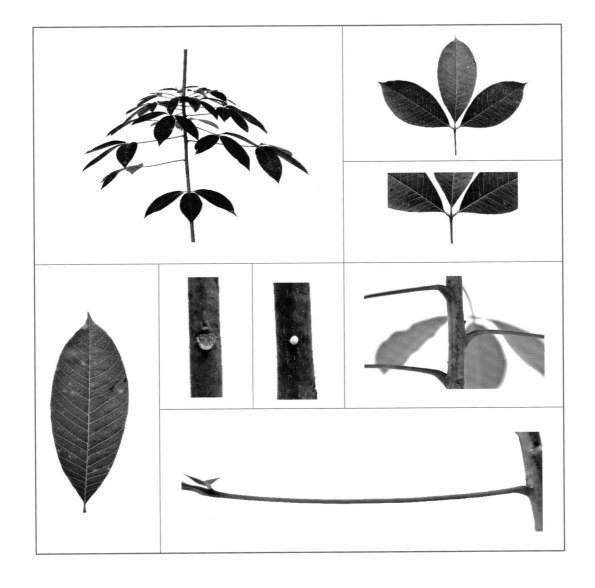

PB350

◎ 选 育 单 位　马来西亚 PB 公司

◎ 品 种 来 源　RRIM600 × PB235

◎ 植物学特征　叶蓬弧形至半球形。大叶柄直，呈平伸姿态。三小叶重叠，中间小叶与侧小叶相似度高，侧小叶基部外斜。叶色深绿，有一定光泽，叶缘具大波浪或无，叶片倒卵状椭圆形，叶顶部渐尖，基部钝形。叶痕心脏形或马蹄形，芽眼与叶痕距离近。胶乳呈白色。

PR107

○ **选育单位** 印度尼西亚国营农业企业公司

○ **品种来源** 初生代无性系

○ **植物学特征** 叶蓬圆锥形。大叶柄直，呈平伸姿态。三小叶分离，中间小叶与侧小叶相似度高，侧小叶基部内斜。叶色浅绿，有一定光泽，叶缘具小波浪，叶片倒卵状椭圆形，叶顶部渐尖，基部渐尖。叶痕马蹄形至半圆形，芽眼与叶痕距离近。胶乳呈白色。

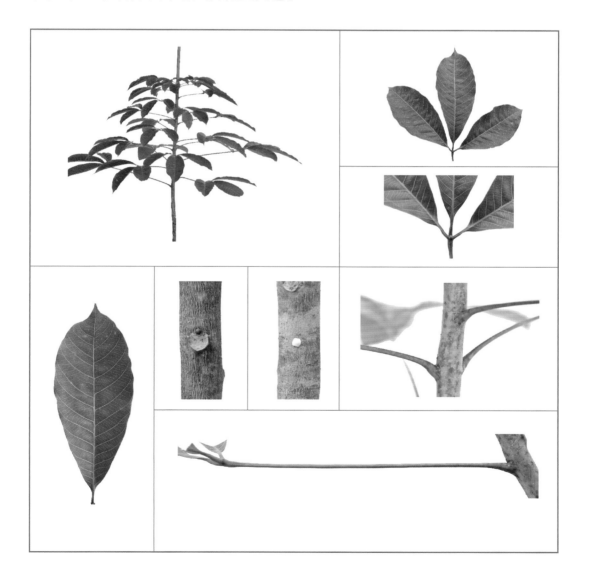

PR305

◎ 选 育 单 位　印度尼西亚国营农业企业公司

◎ 品 种 来 源　Tjir1 × BD2

◎ 植物学特征　叶蓬半球形。大叶柄直，呈上仰姿态。三小叶显著分离，中间小叶与侧小叶相似度高，侧小叶基部对称。叶色绿，光泽度弱，叶缘具大波浪或无，叶片倒卵形，叶顶部芒尖，基部渐尖。叶痕马蹄形或心脏形，芽眼与叶痕距离中等。胶乳呈白色。

RRIC1

◎ **选 育 单 位** 斯里兰卡橡胶研究所

◎ **品 种 来 源** Tjir1 × BD2

◎ **植物学特征** 叶蓬半球形至截顶圆锥形。大叶柄直，呈下垂姿态。三小叶靠近或重叠，中间小叶与侧小叶相似度高，侧小叶基部对称。叶色绿，有一定光泽，叶缘具大波浪或无，叶片倒卵状椭圆形，叶顶部急尖，基部渐尖。叶痕马蹄形或心脏形，芽眼与叶痕距离近。胶乳呈白色。

RRIC4

◎ **选 育 单 位**　斯里兰卡橡胶研究所

◎ **品 种 来 源**　初生代无性系

◎ **植物学特征**　叶蓬截顶圆锥形。大叶柄直，呈平伸姿态。三小叶分离，中间小叶与侧小叶相似度中等，侧小叶基部对称。叶色深绿，光泽度强，叶缘具大波浪或无，叶片倒卵状椭圆形，叶顶部芒尖，基部渐尖。叶痕马蹄形或心脏形，芽眼与叶痕距离近。胶乳呈浅黄色。

RRIC6

◎ **选 育 单 位**　斯里兰卡橡胶研究所

◎ **品 种 来 源**　PB16see111×不明

◎ **植物学特征**　叶蓬弧形至半球形。大叶柄直，呈下垂姿态。三小叶靠近，中间小叶与侧小叶相似度高，侧小叶基部对称。叶色绿，光泽度弱，叶缘具大波浪或无，叶片倒卵形，叶顶部急尖，基部楔形。叶痕马蹄形或心脏形，芽眼与叶痕距离近。胶乳呈白色。

RRIC8

◎ 选 育 单 位　斯里兰卡橡胶研究所

◎ 品 种 来 源　不明

◎ 植物学特征　叶蓬半球形。大叶柄直，呈平伸姿态。三小叶显著分离，中间小叶与侧小叶相似度高，侧小叶基部对称。叶色深绿，有一定光泽，叶缘具中波浪或大波浪，叶片倒卵状椭圆形，叶顶部渐尖，基部渐尖。叶痕马蹄形或心脏形，芽眼与叶痕有一定距离。胶乳呈白色。

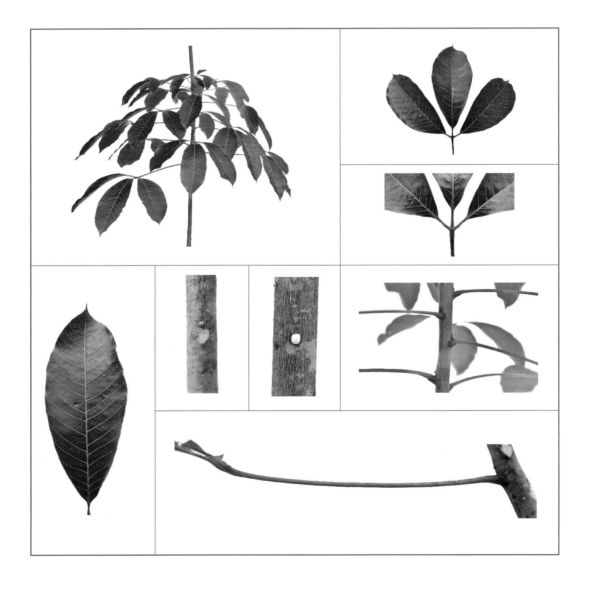

RRIC22

◎ **选 育 单 位**　斯里兰卡橡胶研究所

◎ **品 种 来 源**　不明

◎ **植物学特征**　叶蓬弧形至半球形。大叶柄直，呈上仰姿态。三小叶分离，中间小叶与侧小叶相似度高，侧小叶基部对称。叶色绿，有一定光泽，叶缘具大波浪或无，叶片倒卵形，叶顶部芒尖，基部渐尖。叶痕马蹄形或心脏形，芽眼与叶痕距离近。胶乳呈白色。

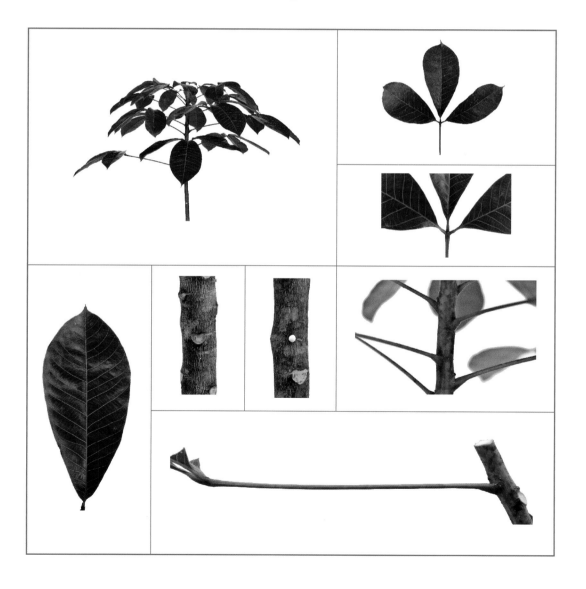

RRIC36

◎ **选 育 单 位** 斯里兰卡橡胶研究所

◎ **品 种 来 源** 不明

◎ **植物学特征** 叶蓬半球形。大叶柄直，呈上仰姿态。三小叶分离，中间小叶与侧小叶相似度高，侧小叶基部对称。叶色绿，有一定光泽，叶缘具小波浪，叶片倒卵状椭圆形，叶顶部芒尖，基部钝形。叶痕心脏形，芽眼与叶痕距离近。胶乳呈白色。

RRIC37

◎ **选育单位** 斯里兰卡橡胶研究所

◎ **品种来源** RRIC8×DBK1

◎ **植物学特征** 叶蓬半球形。大叶柄直，呈平伸姿态。三小叶分离，中间小叶与侧小叶相似度中等，侧小叶基部对称。叶色深绿，有一定光泽，叶缘具中波浪，叶片倒卵形，叶顶部渐尖，基部渐尖。叶痕马蹄形或心脏形，芽眼与叶痕距离近。胶乳呈白色。

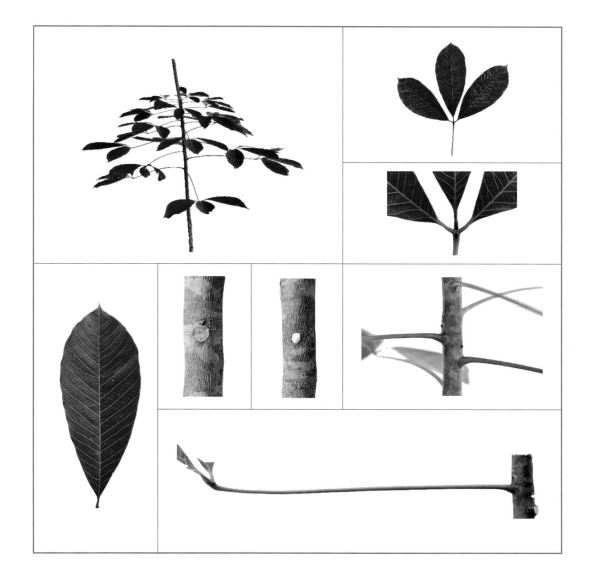

RRIC41

◎ **选育单位** 斯里兰卡橡胶研究所

◎ **品种来源** RRIC8 × Tjir1

◎ **植物学特征** 叶蓬半球形。大叶柄直，呈平伸姿态。三小叶靠近或重叠，中间小叶与侧小叶相似度中等，侧小叶基部外斜。叶色绿，有一定光泽，叶缘具大波浪，叶片倒卵状椭圆形，叶顶部急尖，基部钝形。叶痕心脏形或马蹄形，芽眼与叶痕距离远。胶乳呈白色。

RRIC45

◎ 选 育 单 位　斯里兰卡橡胶研究所

◎ 品 种 来 源　RRIC8 × Tjir1

◎ 植物学特征　叶蓬半球形。大叶柄直，呈平伸姿态。三小叶靠近或重叠，中间小叶与侧小叶相似度中等，侧小叶基部外斜。叶色绿，光泽度弱，叶缘具大波浪或无，叶片倒卵形，叶顶部急尖，基部渐尖。叶痕心脏形或半圆形，芽眼与叶痕距离近。胶乳呈白色。

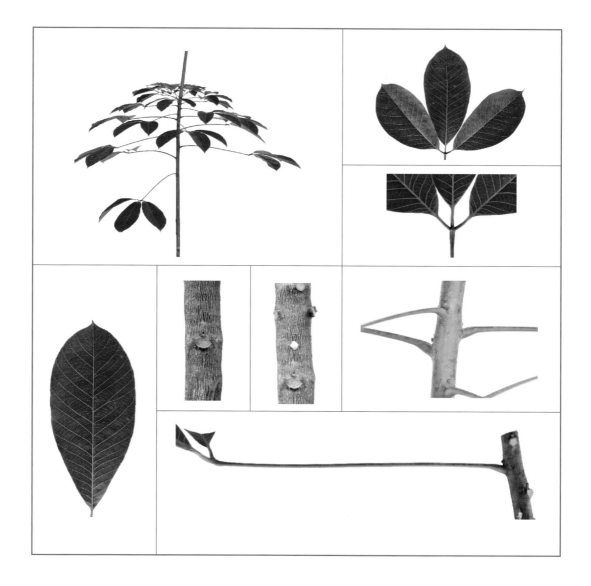

RRIC48

◎ **选育单位** 斯里兰卡橡胶研究所

◎ **品种来源** 不明

◎ **植物学特征** 叶蓬半球形。大叶柄直，呈平伸姿态。三小叶靠近，中间小叶与侧小叶相似度低，侧小叶基部外斜。叶色绿，光泽度弱，叶缘具小波浪，叶片倒卵状椭圆形，叶顶部急尖，基部渐尖。叶痕心脏形或半圆形，芽眼与叶痕有一定距离。胶乳呈白色。

RRIC52

◎ 选 育 单 位 　斯里兰卡橡胶研究所

◎ 品 种 来 源 　初生代无性系

◎ 植物学特征 　叶蓬截顶圆锥形。大叶柄直，呈平伸姿态。三小叶分离，中间小叶与侧小叶相似度高，侧小叶基部对称。叶色深绿，光泽度强，叶缘具大波浪或无，叶片倒卵形，叶顶部渐尖，基部渐尖。叶痕马蹄形或半圆形，芽眼与叶痕距离近。胶乳呈浅黄色。

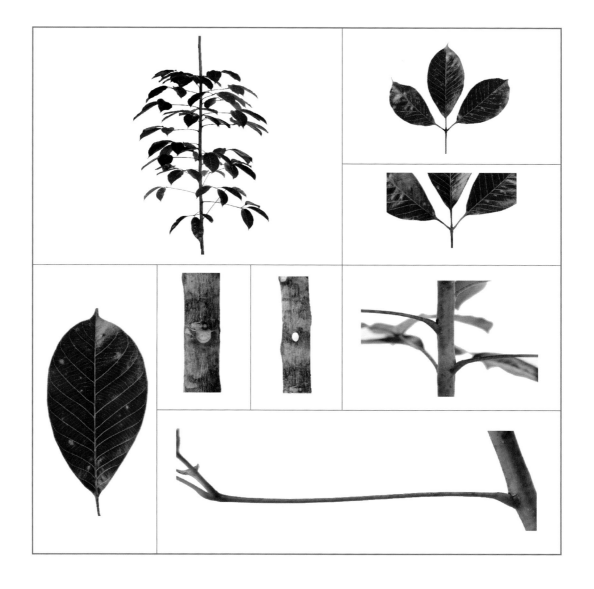

RRIC89

◎ 选 育 单 位　斯里兰卡橡胶研究所

◎ 品 种 来 源　不明

◎ 植物学特征　叶蓬半球形至截顶圆锥形。大叶柄直，呈平伸姿态。三小叶显著分离，中间小叶与侧小叶相似度高，侧小叶基部对称。叶色深绿，有一定光泽，叶缘具大波浪或无，叶片倒卵形，叶顶部芒尖，基部楔形。叶痕马蹄形或心脏形，芽眼与叶痕距离近。胶乳呈白色。

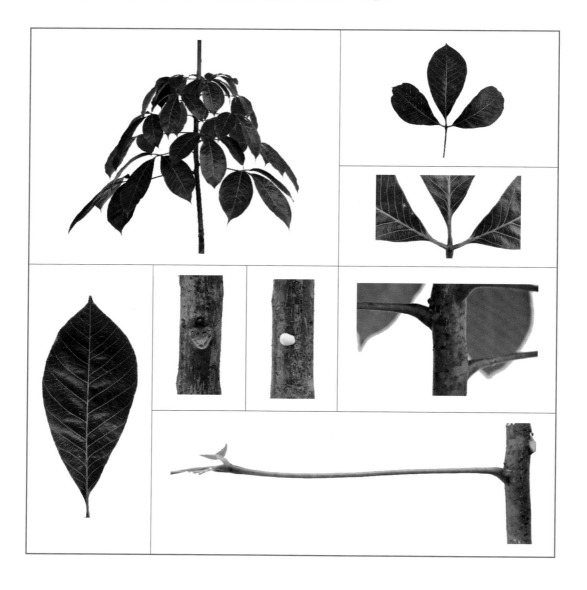

RRIC100

◎ **选 育 单 位** 斯里兰卡橡胶研究所

◎ **品 种 来 源** RRIC52 × PB86

◎ **植物学特征** 叶蓬半球形。大叶柄直，呈上仰姿态。三小叶重叠，中间小叶与侧小叶相似度高，侧小叶基部对称。叶色浅绿，有一定光泽，叶缘具中波浪，叶片倒卵状椭圆形，叶顶部急尖，基部钝形。叶痕马蹄形或半圆形，芽眼与叶痕距离近。胶乳呈白色。

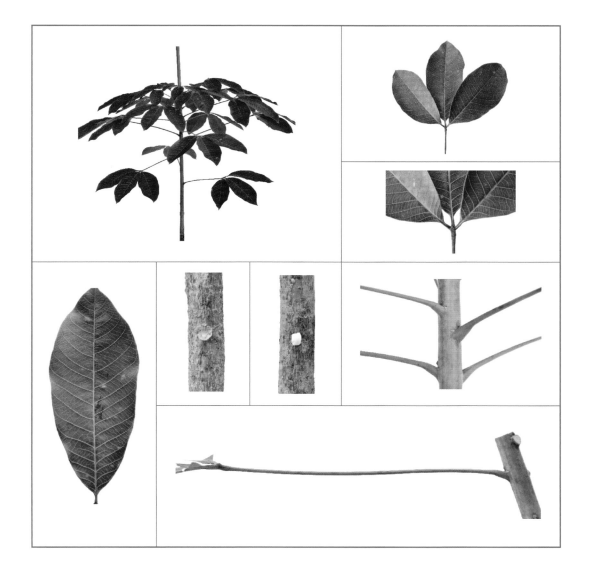

RRIC102

◎ 选 育 单 位　　斯里兰卡橡胶研究所

◎ 品 种 来 源　　RRIC52 × RRIC7

◎ 植物学特征　　叶蓬半球形。大叶柄直，呈上仰姿态。三小叶分离，中间小叶与侧小叶相似度高，侧小叶基部对称。叶色深绿，有一定光泽，叶缘具大波浪，叶片倒卵形，叶顶部急尖，基部楔形。叶痕马蹄形或半圆形，芽眼与叶痕距离近。胶乳呈白色。

RRIC103

◎ 选 育 单 位　斯里兰卡橡胶研究所

◎ 品 种 来 源　RRIC52 × PB86

◎ 植物学特征　叶蓬半球形。大叶柄直，呈上仰姿态。三小叶显著分离，中间小叶与侧小叶相似度高，侧小叶基部对称。叶色浅绿，有一定光泽，叶缘具中波浪，叶片倒卵状椭圆形，叶顶部渐尖，基部渐尖。叶痕马蹄形或心脏形，芽眼与叶痕距离近。胶乳呈白色。

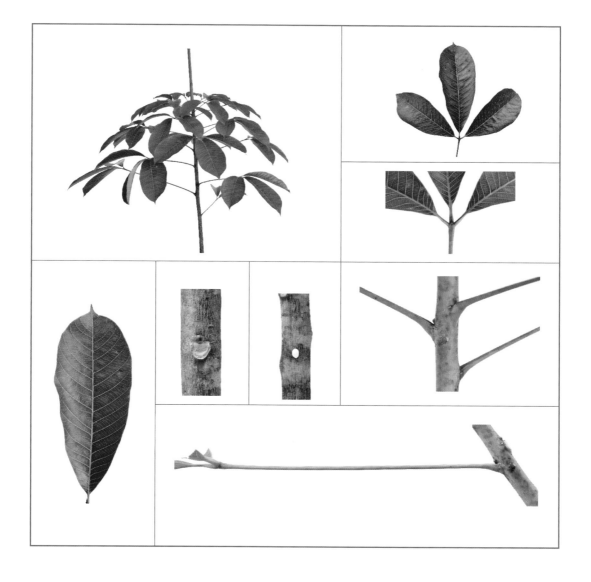

RRIC110

◎ 选 育 单 位　斯里兰卡橡胶研究所

◎ 品 种 来 源　LCB1320 × RRIC7

◎ 植物学特征　叶蓬弧形至半球形。大叶柄直，呈上仰姿态。三小叶重叠或靠近，中间小叶与侧小叶相似度中等，侧小叶基部内斜。叶色深绿，有一定光泽，叶缘具大波浪或无，叶片倒卵形，叶顶部渐尖，基部楔形。叶痕马蹄形或心脏形，芽眼与叶痕有一定距离。胶乳呈白色。

RRIC130

◎ 选 育 单 位　斯里兰卡橡胶研究所

◎ 品 种 来 源　IAN710 × RRIC52

◎ 植物学特征　叶蓬半球形。大叶柄直，呈平伸姿态。三小叶重叠，中间小叶与侧小叶相似度中等，侧小叶基部对称。叶色深绿，有一定光泽，叶缘具大波浪或无，叶片倒卵形，叶顶部急尖，基部渐尖。叶痕马蹄形或心脏形，芽眼与叶痕距离近。胶乳呈白色。

RRII203

◎ 选 育 单 位　印度橡胶研究所

◎ 品 种 来 源　PB86 × Mil3/2

◎ 植物学特征　叶蓬半球形。大叶柄直，呈平伸姿态。三小叶分离，中间
小叶与侧小叶相似度中等，侧小叶基部对称。叶色绿，有一定光泽，叶缘具
大波浪，叶片倒卵形，叶顶部急尖，基部渐尖。叶痕马蹄形或心脏形，芽眼
与叶痕距离近。胶乳呈白色。

RRII417

◎ **选 育 单 位**　印度橡胶研究所

◎ **品 种 来 源**　RRII105 × RRIC100

◎ **植物学特征**　叶蓬半球形。大叶柄直，呈平伸姿态。三小叶分离，中间小叶与侧小叶相似度中等，侧小叶基部外斜。叶色绿，有一定光泽，叶缘具中波浪，叶片倒卵形，叶顶部急尖，基部渐尖。叶痕马蹄形或心脏形，芽眼与叶痕有一定距离。胶乳呈白色。

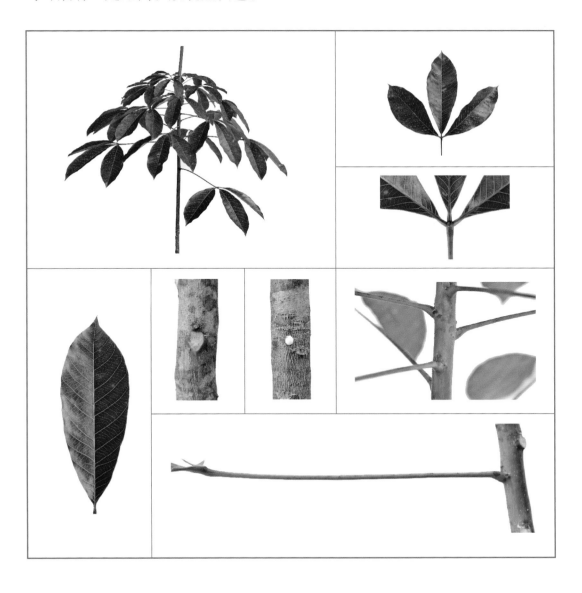

RRIM503

◎ 选 育 单 位　马来西亚橡胶研究所

◎ 品 种 来 源　PilA44 × PilB16

◎ 植物学特征　叶蓬半球形。大叶柄直，呈上仰姿态。三小叶重叠或靠近，中间小叶与侧小叶相似度中等，侧小叶基部对称。叶色浅绿，光泽度弱，叶缘具大波浪，叶片倒卵状椭圆形，叶顶部渐尖，基部钝形。叶痕马蹄形或心脏形，芽眼与叶痕有一定距离。胶乳呈白色。

RRIM527

◎ **选 育 单 位**　马来西亚橡胶研究所

◎ **品 种 来 源**　PilB50 × PilB84

◎ **植物学特征**　叶蓬截顶圆锥形。大叶柄直，呈上仰姿态。三小叶分离，中间小叶与侧小叶相似度高，侧小叶基部外斜。叶色绿，光泽度强，叶缘具大波浪，叶片倒卵形，叶顶部芒尖，基部渐尖。叶痕马蹄形或心脏形，芽眼与叶痕距离近。胶乳呈白色。

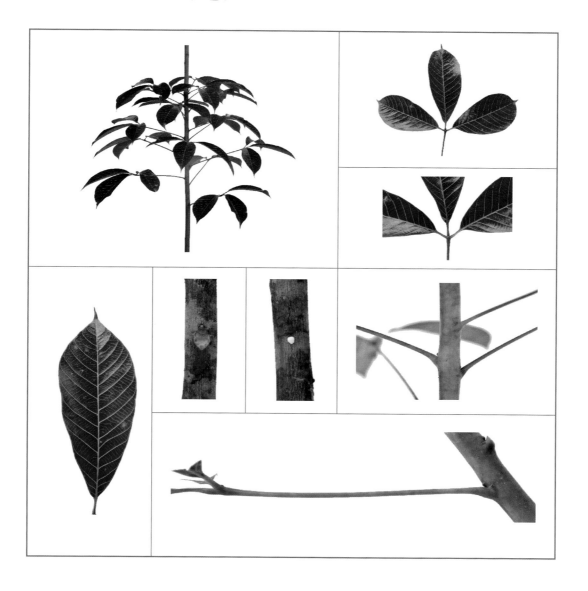

RRIM600

◎ 选 育 单 位　马来西亚橡胶研究所

◎ 品 种 来 源　Tjir × PB86

◎ 植物学特征　叶蓬圆锥形。大叶柄直，呈上仰姿态。三小叶分离，中间小叶与侧小叶相似度低，侧小叶基部外斜。叶色浅绿，有一定光泽，叶缘具大波浪，叶片倒卵状菱形，叶顶部渐尖，基部楔形。叶痕半圆形或心脏形，芽眼与叶痕距离近。胶乳呈白色。

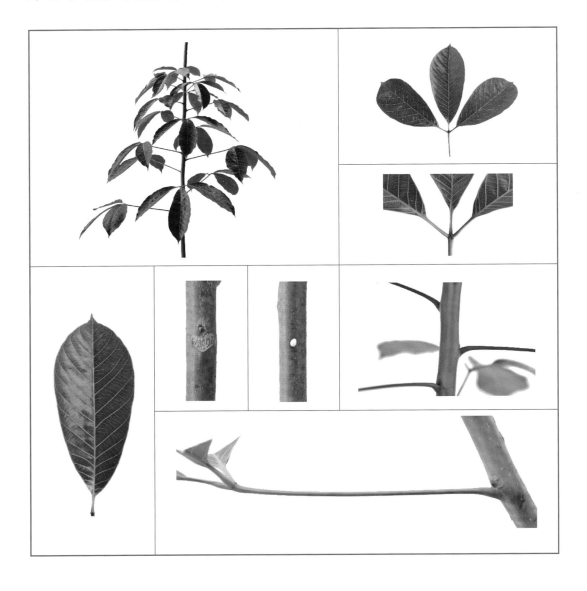

RRIM605

◎ 选 育 单 位　马来西亚橡胶研究所

◎ 品 种 来 源　Tjir × PB49

◎ 植物学特征　叶蓬弧形至半球形。大叶柄直，呈上仰姿态。三小叶靠近或重叠，中间小叶与侧小叶相似度高，侧小叶基部对称。叶色深绿，光泽度弱，叶缘具中波浪，叶片倒卵形，叶顶部急尖，基部楔形。叶痕半圆形或心脏形，芽眼与叶痕距离近。胶乳呈白色。

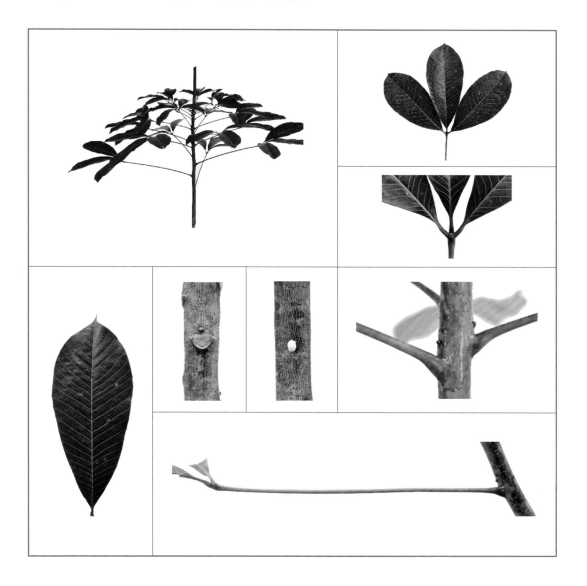

RRIM608

◎ 选育单位　　马来西亚橡胶研究所

◎ 品种来源　　AVROS33 × Tjir1

◎ 植物学特征　　叶蓬半球形。大叶柄直，呈平伸姿态。三小叶分离，中间小叶与侧小叶相似度高，侧小叶基部对称。叶色深绿，有一定光泽，叶缘具大波浪或无，叶片倒卵形，叶顶部急尖，基部楔形。叶痕马蹄形或心脏形，芽眼与叶痕距离近。胶乳呈白色。

RRIM623

◎ 选 育 单 位　马来西亚橡胶研究所

◎ 品 种 来 源　PB49 × PilB84

◎ 植物学特征　叶蓬半球形。大叶柄直，呈平伸姿态。三小叶分离，中间小叶与侧小叶相似度中等，侧小叶基部外斜。叶色绿，光泽度弱，叶缘具中波浪，叶片倒卵形，叶顶部急尖，基部渐尖。叶痕马蹄形或心脏形，芽眼与叶痕距离近。胶乳呈白色。

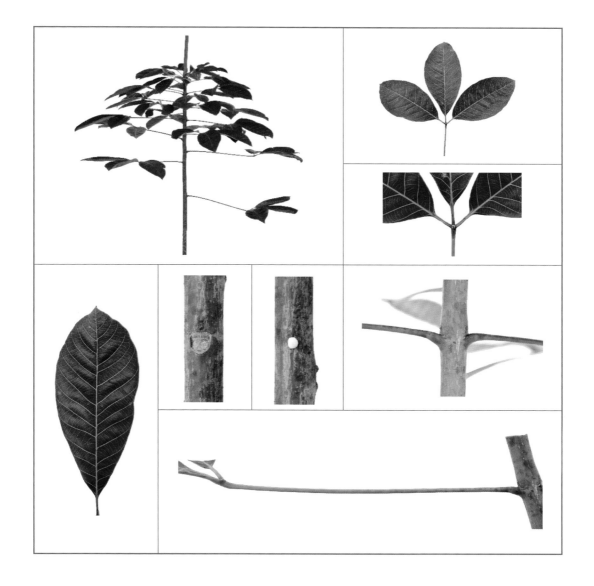

RRIM703

◎ **选 育 单 位**　马来西亚橡胶研究所

◎ **品 种 来 源**　RRIM600 × RRIM500

◎ **植物学特征**　叶蓬半球形。大叶柄直，呈平伸姿态。三小叶分离，中间小叶与侧小叶相似度中等，侧小叶基部对称。叶色深绿，有一定光泽，叶缘具中波浪，叶片倒卵形，叶顶部渐尖，基部楔形。叶痕马蹄形或心脏形，芽眼与叶痕距离近。胶乳呈白色。

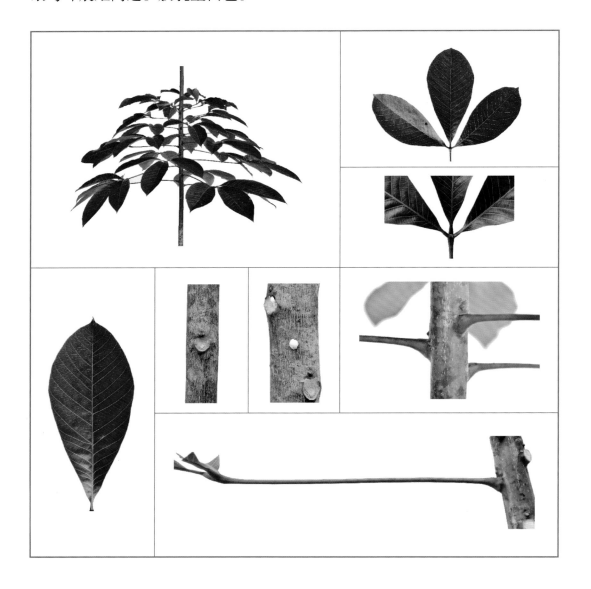

RRIM717

◎ 选 育 单 位　马来西亚橡胶研究所

◎ 品 种 来 源　PB49×RRIM603

◎ 植物学特征　叶蓬半球形。大叶柄直，呈平伸姿态。三小叶分离，中间小叶与侧小叶相似度中等，侧小叶基部对称。叶色绿，有一定光泽，叶缘具中波浪，叶片倒卵状椭圆形，叶顶部渐尖，基部渐尖。叶痕马蹄形或心脏形，芽眼与叶痕有一定距离。胶乳呈白色。

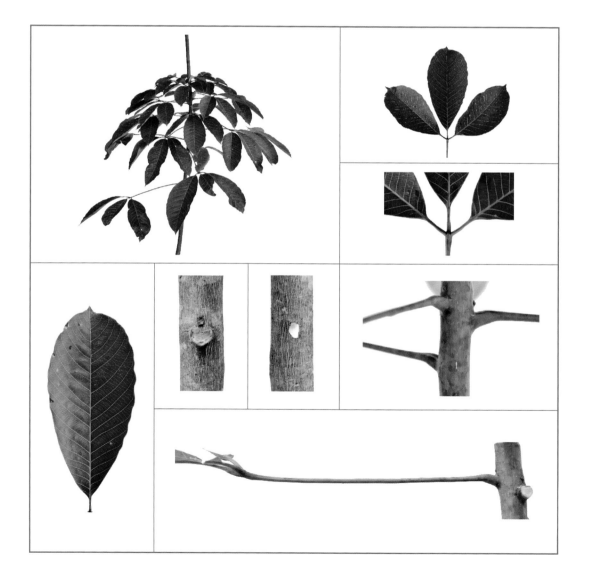

RRIM722

◎ 选 育 单 位　马来西亚橡胶研究所

◎ 品 种 来 源　RRIM600×TK14

◎ 植物学特征　叶蓬半球形。大叶柄直，呈上仰姿态。三小叶分离，中间小叶与侧小叶相似度中等，侧小叶基部对称。叶色深绿，光泽度强，叶缘具小波浪，叶片倒卵形，叶顶部渐尖，基部楔形。叶痕马蹄形或心脏形，芽眼与叶痕距离近。胶乳呈白色。

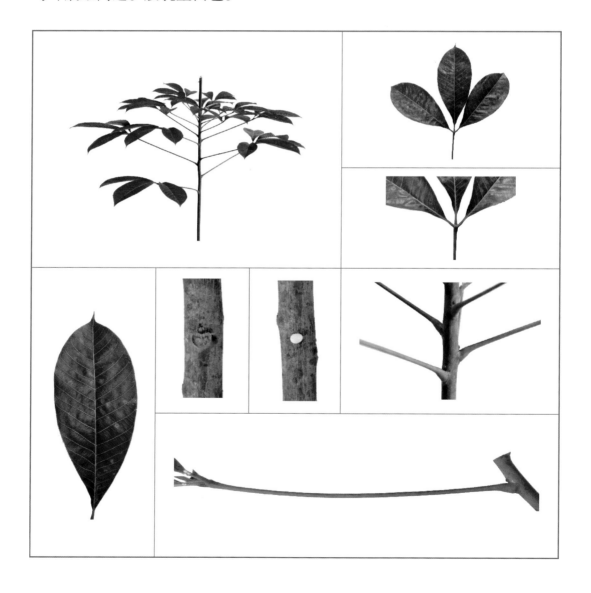

RRIM725

◎ 选育单位　马来西亚橡胶研究所

◎ 品种来源　FX25 × 不明

◎ 植物学特征　叶蓬截顶圆锥形。大叶柄直，呈平伸姿态。三小叶靠近，中间小叶与侧小叶相似度中等，侧小叶基部内斜。叶色深绿，光泽度强，叶缘具中波浪，叶片倒卵状椭圆形，叶顶部渐尖，基部渐尖。叶痕马蹄形或心脏形，芽眼与叶痕距离近。胶乳呈白色。

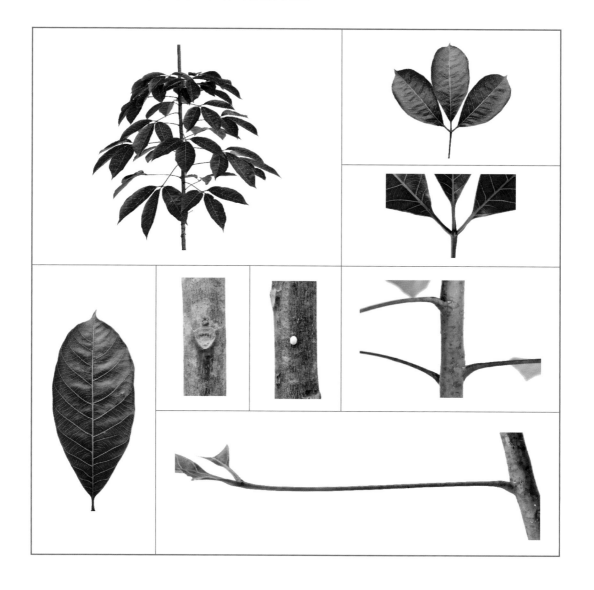

RRIM803

◎ 选 育 单 位　马来西亚橡胶研究所

◎ 品 种 来 源　RRIM501 × RRIM623

◎ 植物学特征　叶蓬半球形。大叶柄直，呈下垂姿态。三小叶分离，中间小叶与侧小叶相似度中等，侧小叶基部内斜。叶色绿，光泽度弱，叶缘具大波浪，叶片倒卵状椭圆形，叶顶部渐尖，基部渐尖。叶痕马蹄形或心脏形，芽眼与叶痕距离近。胶乳呈白色。

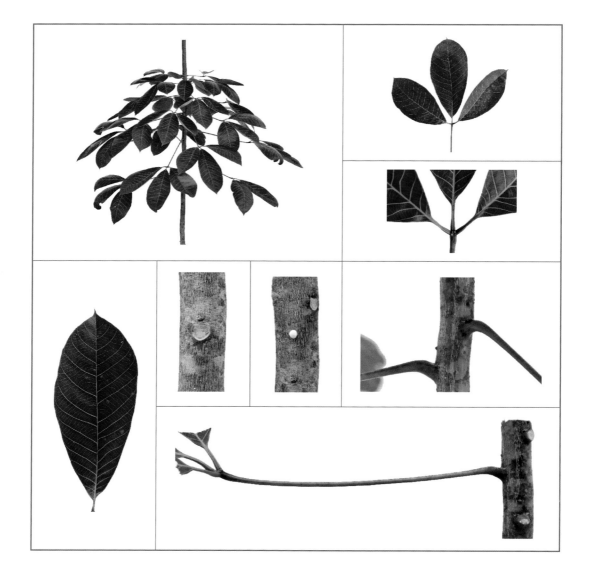

RRIM918

◎ **选 育 单 位**　马来西亚橡胶研究所

◎ **品 种 来 源**　不明

◎ **植物学特征**　叶蓬弧形至半球形。大叶柄直，呈平伸姿态。三小叶靠近或重叠，中间小叶与侧小叶相似度低，侧小叶基部外斜。叶色深绿，光泽度强，叶缘具大波浪，叶片椭圆形，叶顶部芒尖，基部渐尖。叶痕马蹄形或心脏形，芽眼与叶痕距离近。胶乳呈白色。

RRIT251

◎ **选 育 单 位**　泰国橡胶研究所

◎ **品 种 来 源**　初生代无性系

◎ **植物学特征**　叶蓬弧形至半球形。大叶柄直，呈上仰姿态。三小叶显著分离，中间小叶与侧小叶相似度中等，侧小叶基部对称。叶色浅绿，光泽度弱，叶缘具中波浪，叶片倒卵形，叶顶部急尖，基部楔形。叶痕马蹄形或心脏形，芽眼与叶痕距离近。胶乳呈白色。

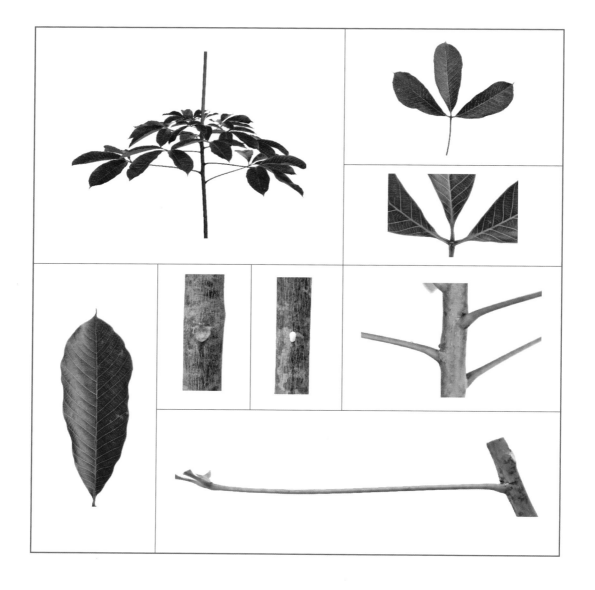

RRIT408

◎ **选 育 单 位**　泰国橡胶研究所

◎ **品 种 来 源**　PB5/51 × RRIC101

◎ **植物学特征**　叶蓬截顶圆锥形。大叶柄直，呈平伸姿态。三小叶分离，中间小叶与侧小叶相似度中等，侧小叶基部对称。叶色深绿，有一定光泽，叶缘具大波浪，叶片倒卵形，叶顶部芒尖，基部渐尖。叶痕半圆形，芽眼与叶痕有一定距离。胶乳呈白色。

下　篇

国内培育的
巴西橡胶树品种

93-114

◎　选 育 单 位　中国热带农业科学院南亚热带作物研究所培育，广西东方农场选出

◎　品 种 来 源　天任 31-45 × 合口 3-11

◎　植物学特征　叶蓬半球形，蓬距明显。大叶柄直，呈平伸姿态。三小叶显著分离，中间小叶与侧小叶相似度高，侧小叶基部外斜。叶色绿，有一定光泽，叶面平滑，叶缘具中波浪，叶片倒卵形，叶顶部芒尖，基部楔形。叶痕半圆形，芽眼与叶痕距离近。胶乳呈白色。

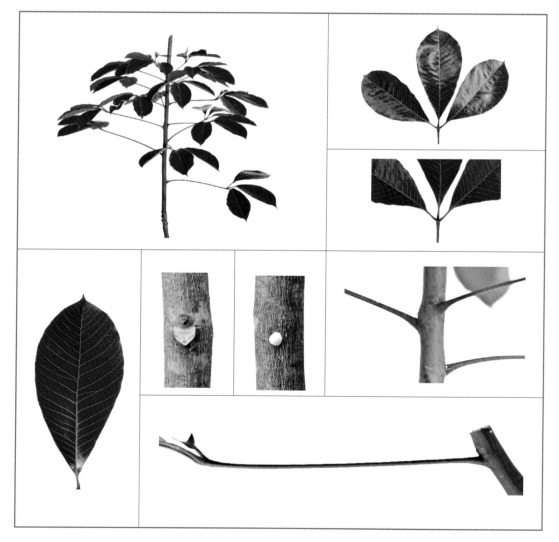

保亭59

◎ **选育单位**　海南保亭热带作物研究所

◎ **品种来源**　不明

◎ **植物学特征**　叶蓬半球形。大叶柄直，呈平伸姿态。三小叶靠近或重叠，中间小叶与侧小叶相似度低，侧小叶基部内斜。叶色绿，光泽度弱，叶缘具中波浪，叶片椭圆形，叶顶部渐尖，基部钝形。叶痕马蹄形或近圆形，芽眼与叶痕有一定距离。胶乳呈白色。

保亭933

◎　**选 育 单 位**　　海南保亭热带作物研究所

◎　**品 种 来 源**　　RRIM600×海垦1

◎　**植物学特征**　　叶蓬半球形。大叶柄直，呈上仰姿态。三小叶分离，中间小叶与侧小叶相似度中等，侧小叶基部对称。叶色深绿，有一定光泽，叶缘具大波浪，叶片倒卵形，叶顶部芒尖，基部渐尖。叶痕马蹄形或心脏形，芽眼与叶痕有一定距离。胶乳呈白色。

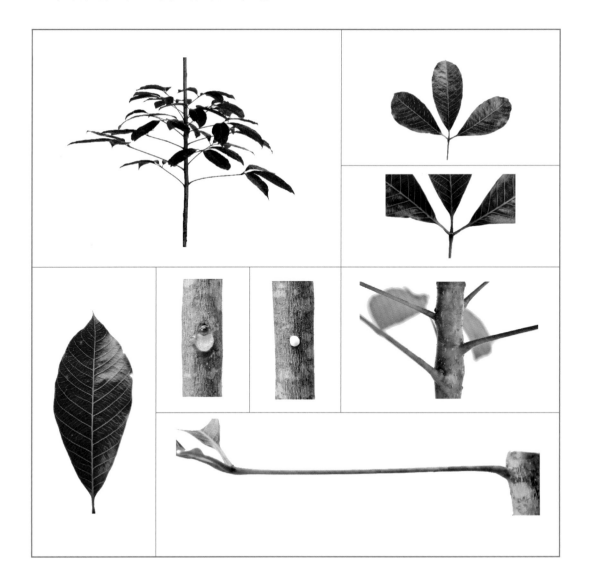

保亭3410

◎ 选 育 单 位　海南保亭热带作物研究所

◎ 品 种 来 源　RRIM600×PR107

◎ 植物学特征　叶蓬半球形。大叶柄直，呈平伸姿态。三小叶分离，中间小叶与侧小叶相似度中等，侧小叶基部对称。叶色深绿，有一定光泽，叶缘具小波浪，叶片倒卵状椭圆形，叶顶部渐尖，基部楔形。叶痕马蹄形或心脏形，芽眼与叶痕距离近。胶乳呈白色。

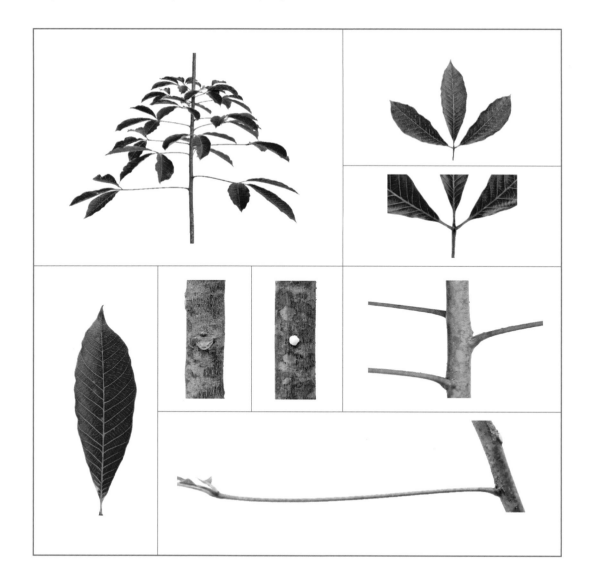

大丰78-184

◎ 选 育 单 位　海南国营大丰农场

◎ 品 种 来 源　RRIM600×大丰359

◎ 植物学特征　叶蓬半球形。大叶柄弓形，呈平伸姿态。三小叶分离，中间小叶与侧小叶相似度中等，侧小叶基部对称。叶色绿，光泽度弱，叶缘具小波浪，叶片椭圆形，叶顶部渐尖，基部钝形。叶痕马蹄形或近圆形，芽眼与叶痕有一定距离。胶乳呈白色。

大丰95

◎ 选 育 单 位　海南国营大丰农场

◎ 品 种 来 源　PB86×PR107

◎ 植物学特征　叶蓬半球形或圆锥形。大叶柄直，呈平伸姿态。三小叶分离，中间小叶与侧小叶相似度中等，侧小叶基部对称。叶色深绿，有一定光泽，叶缘具中波浪，叶片长椭圆形，叶顶部渐尖，基部渐尖。叶痕马蹄形或三角形，芽眼与叶痕距离近。胶乳呈白色。

大丰99

◎ 选 育 单 位　海南国营大丰农场

◎ 品 种 来 源　PB86 × PR107

◎ 植物学特征　叶蓬弧形至半球形。大叶柄直，呈上仰姿态。三小叶分离，中间小叶与侧小叶相似度中等，侧小叶基部内斜。叶色深绿，光泽度弱，叶缘具中波浪，叶片椭圆形，叶顶部渐尖，基部钝形。叶痕马蹄形或心脏形，芽眼与叶痕距离近。胶乳呈白色。

大丰117

◎ 选 育 单 位　海南国营大丰农场

◎ 品 种 来 源　RRIM513×PR107

◎ 植物学特征　叶蓬截顶圆锥形。大叶柄直，呈平伸姿态。三小叶分离，中间小叶与侧小叶相似度中等，侧小叶基部对称。叶色深绿，光泽度强，叶缘具小波浪，叶片倒卵形，叶顶部芒尖，基部渐尖。叶痕马蹄形或心脏形，芽眼与叶痕距离近。胶乳呈白色。

大丰297

◎ 选 育 单 位　海南国营大丰农场

◎ 品 种 来 源　不明

◎ 植物学特征　叶蓬半球形。大叶柄直，呈平伸姿态。三小叶分离，中间
小叶与侧小叶相似度低，侧小叶基部外斜。叶色深绿，光泽度强，叶缘具大
波浪，叶片倒卵形，叶顶部芒尖，基部渐尖。叶痕马蹄形或心脏形，芽眼与
叶痕距离近。胶乳呈白色。

大丰340

◎ 选 育 单 位　海南国营大丰农场

◎ 品 种 来 源　不明

◎ 植物学特征　叶蓬弧形至半球形。大叶柄直，呈上仰姿态。三小叶靠近
或分离，中间小叶与侧小叶相似度低，侧小叶基部内斜。叶色深绿，有光
泽，叶缘具大波浪或无，叶片倒卵形，叶顶部急尖，基部渐尖。叶痕心脏形
或马蹄形，芽眼与叶痕距离近。胶乳呈白色。

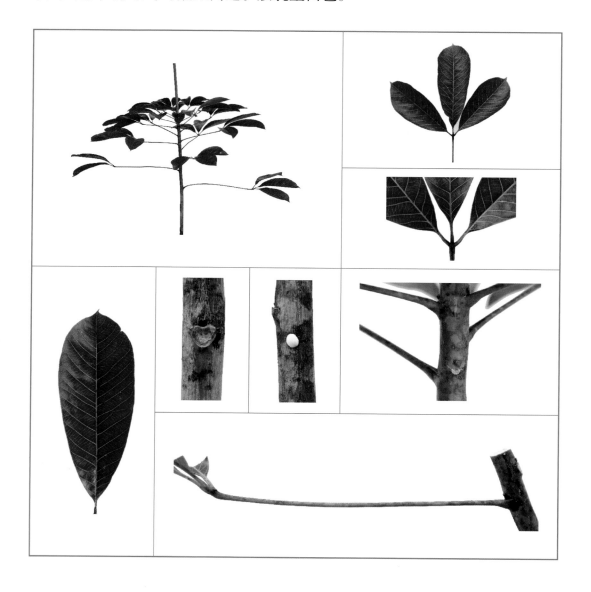

大丰359

◎ 选育单位　海南国营大丰农场

◎ 品种来源　Gl1 × PR107

◎ 植物学特征　叶蓬半球形。大叶柄直，呈平伸姿态。三小叶显著分离，中间小叶与侧小叶相似度低，侧小叶基部对称。叶色深绿，光泽度强，叶缘具中波浪，叶片倒卵形，叶顶部芒尖，基部渐尖。叶痕心脏形或马蹄形，芽眼与叶痕距离远。胶乳呈白色。

大岭17-48

◎ 选 育 单 位　海南国营大岭农场

◎ 品 种 来 源　PB86×PB5/63

◎ 植物学特征　叶蓬半球形。大叶柄直，呈平伸姿态。三小叶靠近或分离，中间小叶与侧小叶相似度中等，侧小叶基部对称。叶色绿，有一定光泽，叶缘具大波浪或无，叶片倒卵状椭圆形，叶顶部渐尖，基部渐尖。叶痕马蹄形或心脏形，芽眼与叶痕距离近。胶乳呈浅黄色。

大岭21-26

◎ 选 育 单 位　海南国营大岭农场

◎ 品 种 来 源　RRIM600 × PR107

◎ 植物学特征　叶蓬截顶圆锥形。大叶柄直，呈平伸姿态。三小叶靠近或重叠，中间小叶与侧小叶相似度中等，侧小叶基部对称。叶色深绿，有一定光泽，叶缘具中波浪，叶片倒卵状椭圆形，叶顶部芒尖，基部渐尖。叶痕半圆形或马蹄形，芽眼与叶痕距离近。胶乳呈白色。

大岭21-38

◎ 选 育 单 位　海南国营大岭农场

◎ 品 种 来 源　RRIM600 × PR107

◎ 植物学特征　叶蓬半球形。大叶柄直，呈平伸姿态。三小叶靠近，中间小叶与侧小叶相似度中等，侧小叶基部对称。叶色深绿，有一定光泽，叶缘具大波浪或无，叶片倒卵状椭圆形，叶顶部芒尖，基部渐尖。叶痕马蹄形或心脏形，芽眼与叶痕距离近。胶乳呈白色。

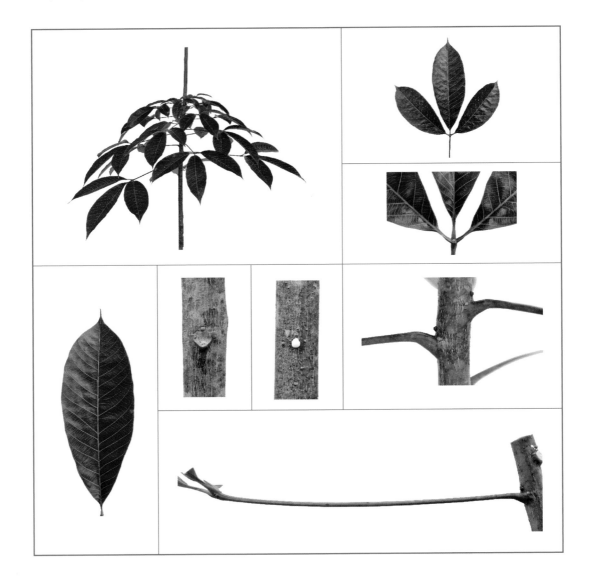

大岭61-1

◎ **选育单位**　海南国营大岭农场

◎ **品种来源**　初生代无性系

◎ **植物学特征**　叶蓬半球形。大叶柄直，呈平伸姿态。三小叶靠近，中间小叶与侧小叶相似度中等，侧小叶基部对称。叶色绿，光泽度弱，叶缘具小波浪，叶片倒卵状椭圆形，叶顶部芒尖，基部渐尖。叶痕马蹄形或心脏形，芽眼与叶痕距离近。胶乳呈白色。

大岭64-21-65

◎ 选 育 单 位　海南国营大岭农场

◎ 品 种 来 源　RRIM600 × PR107

◎ 植物学特征　叶蓬截顶圆锥形。大叶柄直，呈下垂姿态。三小叶显著分离，中间小叶与侧小叶相似度低，侧小叶基部对称。叶色深绿，光泽度强，叶缘具中波浪，叶片长椭圆形，叶顶部芒尖，基部渐尖。叶痕心脏形或马蹄形，芽眼与叶痕有一定距离。胶乳呈白色。

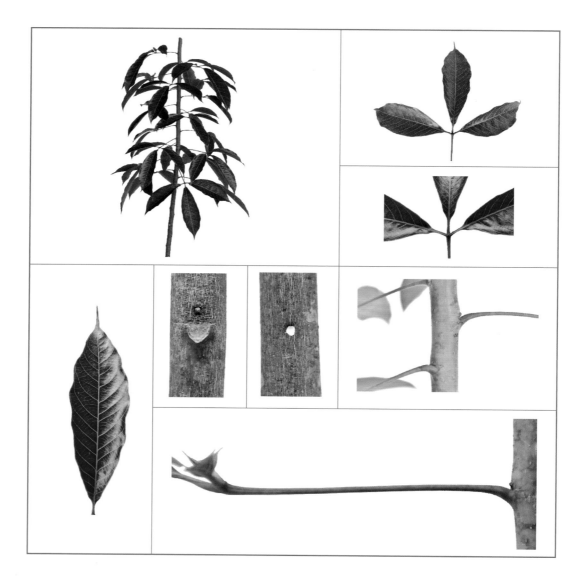

大岭64-36-96

○ 选 育 单 位 海南国营大岭农场

○ 品 种 来 源 PB5/63 × PR107

○ 植物学特征 叶蓬半球形。大叶柄直，呈平伸姿态。三小叶分离，中间小叶与侧小叶相似度中等，侧小叶基部对称。叶色浅绿，有光泽，叶缘具中波浪，叶片倒卵形，叶顶部芒尖，基部渐尖。叶痕马蹄形或心脏形，芽眼与叶痕有一定距离。胶乳呈白色。

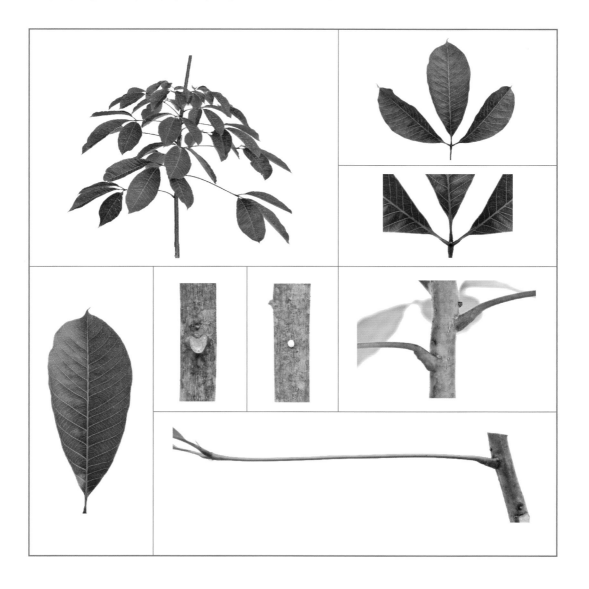

大岭66-41-2040

◎ 选 育 单 位　海南国营大岭农场

◎ 品 种 来 源　RRIM600×南庄21-6

◎ 植物学特征　叶蓬半球形。大叶柄直，呈上仰姿态。三小叶显著分离，中间小叶与侧小叶相似度高，侧小叶基部对称。叶色深绿，光泽度强，叶缘具大波浪，叶片倒卵状椭圆形，叶顶部急尖，基部钝形。叶痕心脏形或马蹄形，芽眼与叶痕距离近。胶乳呈白色。

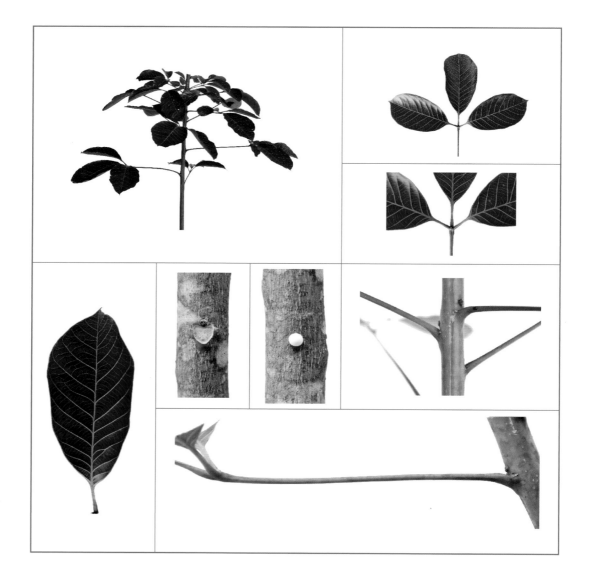

大岭68-36

◎ **选育单位**　海南国营大岭农场

◎ **品种来源**　合口 3-11 × 大岭 16-480

◎ **植物学特征**　叶蓬圆锥形。大叶柄直，呈下垂姿态。三小叶分离，中间小叶与侧小叶相似度低，侧小叶基部对称。叶色深绿，光泽度强，叶缘具大波浪，叶片长椭圆形，叶顶部渐尖，基部渐尖。叶痕马蹄形或心脏形，芽眼与叶痕距离近。胶乳呈白色。

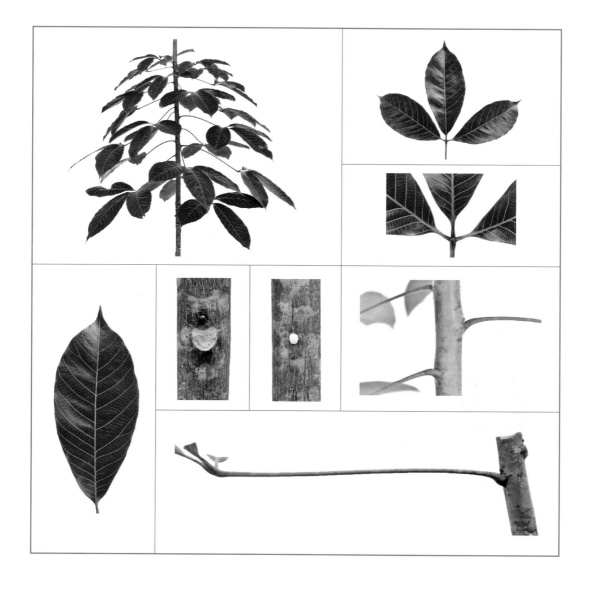

福建71-16

◎ 选育单位　　福建热带作物科学研究所

◎ 品种来源　　天任 31-45 × PR107

◎ 植物学特征　　叶蓬半球形。大叶柄直，呈平伸姿态。三小叶分离，中间小叶与侧小叶相似度低，侧小叶基部对称。叶色深绿，有光泽，叶缘具大波浪或无，叶片长倒卵形，叶顶部急尖，基部渐尖。叶痕心脏形或马蹄形，芽眼与叶痕有一定距离。胶乳呈白色。

福建792

◎ **选 育 单 位**　福建热带作物科学研究所

◎ **品 种 来 源**　不明

◎ **植物学特征**　叶蓬半球形。大叶柄直，呈平伸姿态。三小叶靠近或重叠，中间小叶与侧小叶相似度低，侧小叶基部对称。叶色深绿，有光泽，叶缘具大波浪或无，叶片倒卵形，叶顶部急尖，基部钝形。叶痕心脏形或马蹄形，芽眼与叶痕有一定距离。胶乳呈白色。

广西6-68

◎ 选 育 单 位　中国热带农业科学院橡胶研究所、广西龙州先锋农场

◎ 品 种 来 源　初生代无性系

◎ 植物学特征　叶蓬半球形。大叶柄直，呈平伸姿态。三小叶靠近或重叠，中间小叶与侧小叶相似度中等，侧小叶基部外斜。叶色深绿，有光泽，叶缘具大波浪，叶片倒卵状椭圆形，叶顶部芒尖，基部钝形。叶痕马蹄形或半圆形，芽眼与叶痕距离近。胶乳呈白色。

桂研24

◎ **选育单位** 广西龙州先锋农场、中国热带农业科学院橡胶研究所

◎ **品种来源** 不明

◎ **植物学特征** 叶蓬截顶圆锥形。大叶柄直，呈平伸姿态。三小叶靠近或重叠，中间小叶与侧小叶相似度中等，侧小叶基部外斜。叶色深绿，光泽度强，叶缘具大波浪，叶片长椭圆形，叶顶部渐尖，基部钝形。叶痕半圆形或马蹄形，芽眼与叶痕距离近。胶乳呈白色。

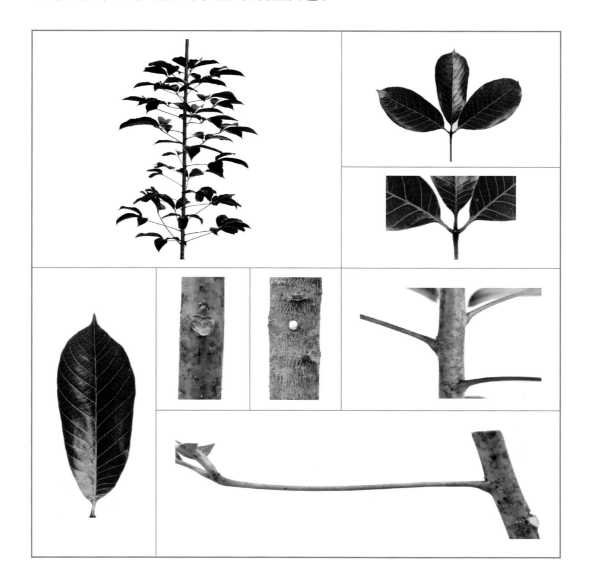

桂研73-9

◎ **选 育 单 位**　广西龙州先锋农场、中国热带农业科学院橡胶研究所

◎ **品 种 来 源**　不明

◎ **植物学特征**　叶蓬半球形。大叶柄直，呈平伸姿态。三小叶分离或靠近，中间小叶与侧小叶相似度低，侧小叶基部对称。叶色深绿，有光泽，叶缘具大波浪，叶片长倒卵形，叶顶部芒尖，基部渐尖。叶痕心脏形或马蹄形，芽眼与叶痕有一定距离。胶乳呈白色。

桂研77-4

◎ **选育单位**　中国热带农业科学院橡胶研究所、广西龙州先锋农场

◎ **品种来源**　不明

◎ **植物学特征**　叶蓬半球形。大叶柄直，呈平伸姿态。三小叶靠近，中间小叶与侧小叶相似度低，侧小叶基部外斜。叶色深绿，有光泽，叶缘具中波浪，叶片长椭圆形，叶顶部芒尖，基部渐尖。叶痕心脏形或半圆形，芽眼与叶痕有一定距离。胶乳呈白色。

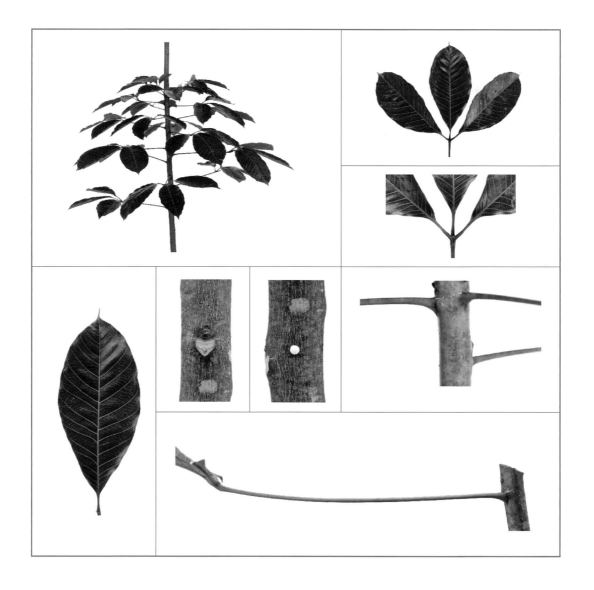

海垦1

◎ 选 育 单 位　海南农垦橡胶研究所

◎ 品 种 来 源　不明

◎ 植物学特征　叶蓬半球形至截顶圆锥形。大叶柄直，呈平伸姿态。三小叶靠近，中间小叶与侧小叶相似度中等，侧小叶基部对称。叶色深绿，有光泽，叶缘具大波浪，叶片倒卵状椭圆形，叶顶部急尖，基部钝形。叶痕马蹄形或三角形，芽眼与叶痕距离近。胶乳呈浅黄色。

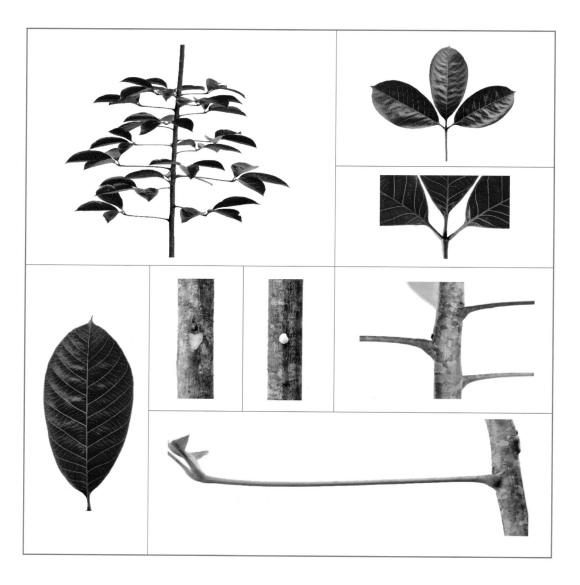

海垦2

○ **选 育 单 位**　海南保亭热带作物研究所

○ **品 种 来 源**　PB86 × PR107

○ **植物学特征**　叶蓬半球形。大叶柄直，呈平伸姿态。三小叶分离，中间小叶与侧小叶相似度中等，侧小叶基部对称。叶色深绿，有光泽，叶缘具中波浪，叶片倒卵状椭圆形，叶顶部急尖，基部钝形。叶痕马蹄形或心脏形，芽眼与叶痕距离近。胶乳呈白色。

海垦4

◎ 选 育 单 位　海南保亭热带作物研究所

◎ 品 种 来 源　RRIM501 × RRIM603

◎ 植物学特征　叶蓬半球形。大叶柄直，呈下垂姿态。三小叶分离，中间小叶与侧小叶相似度中等，侧小叶基部对称。叶色深绿，有光泽，叶缘具大波浪，叶片倒卵状椭圆形，叶顶部渐尖，基部渐尖。叶痕心脏形或马蹄形，芽眼与叶痕距离近。胶乳呈白色。

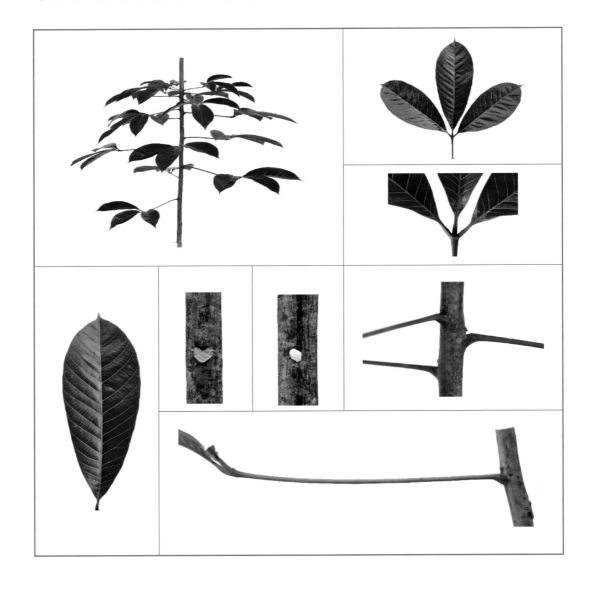

海垦6

◎ **选 育 单 位** 海南保亭热带作物研究所

◎ **品 种 来 源** PB86 × PR107

◎ **植物学特征** 叶蓬半球形。大叶柄直，呈平伸姿态。三小叶分离，中间小叶与侧小叶相似度中等，侧小叶基部对称。叶色深绿，光泽度强，叶缘具大波浪或无，叶片倒卵形，叶顶部芒尖，基部渐尖。叶痕心脏形或半圆形，芽眼与叶痕有一定距离。胶乳呈白色。

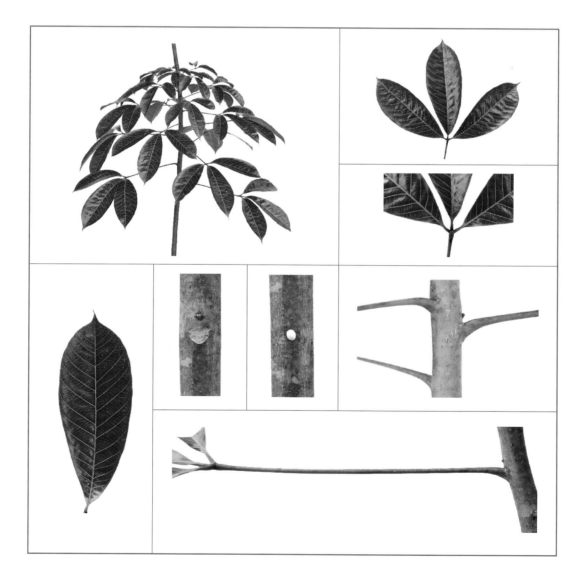

合口3-11

◎ 选 育 单 位　海南国营南俸农场

◎ 品 种 来 源　初生代无性系

◎ 植物学特征　叶蓬半球形。大叶柄直，呈平伸姿态。三小叶显著分离，中间小叶与侧小叶相似度中等，侧小叶基部外斜。叶色深绿，光泽度强，叶缘具小波浪，叶片倒卵形，叶顶部渐尖，基部楔形。叶痕心脏形或马蹄形，芽眼与叶痕距离近。胶乳呈白色。

红山67-15

◎ 选 育 单 位　广西红山农场

◎ 品 种 来 源　初生代无性系

◎ 植物学特征　叶蓬半球形至截顶圆锥形。大叶柄直，呈平伸姿态。三小叶分离，中间小叶与侧小叶相似度中等，侧小叶基部外斜。叶色深绿，光泽度强，叶缘具大波浪，叶片倒卵形，叶顶部急尖，基部楔形。叶痕心脏形或马蹄形，芽眼与叶痕距离近。胶乳呈白色。

化州11

◎ **选 育 单 位**　广东化州橡胶研究所

◎ **品 种 来 源**　不明

◎ **植物学特征**　叶蓬截顶圆锥形。大叶柄直，呈平伸姿态。三小叶分离，中间小叶与侧小叶相似度中等，侧小叶基部对称。叶色绿，有光泽，叶缘具大波浪，叶片倒卵形，叶顶部急尖，基部钝形。叶痕心脏形或马蹄形，芽眼与叶痕距离近。胶乳呈白色。

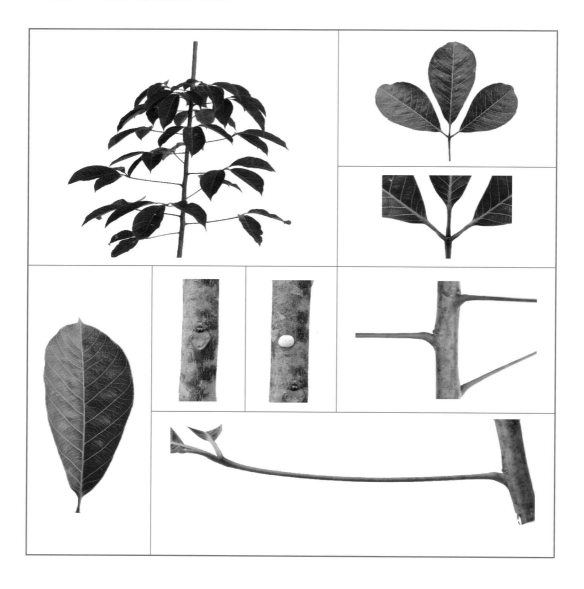

化州15

◎ **选 育 单 位**　广东化州橡胶研究所

◎ **品 种 来 源**　不明

◎ **植物学特征**　叶蓬半球形。大叶柄直，呈平伸姿态。三小叶靠近或重叠，中间小叶与侧小叶相似度中等，侧小叶基部对称。叶色深绿，光泽度强，叶缘具大波浪，叶片倒卵状椭圆形，叶顶部芒尖，基部钝形。叶痕半圆形或马蹄形，芽眼与叶痕距离近。胶乳呈白色。

化州38-26

◎ **选 育 单 位**　广东化州橡胶研究所

◎ **品 种 来 源**　天任 31-45 × 合口 3-11

◎ **植物学特征**　叶蓬半球形。大叶柄直，呈平伸姿态。三小叶重叠，中间小叶与侧小叶相似度中等，侧小叶基部对称。叶色深绿，光泽度强，叶缘具大波浪，叶片倒卵状椭圆形，叶顶部渐尖，基部钝形。叶痕心脏形或马蹄形，芽眼与叶痕距离近。胶乳呈白色。

化59-2

◎ **选 育 单 位**　广东化州橡胶研究所

◎ **品 种 来 源**　天任 31-45×红山Ⅱ26

◎ **植物学特征**　叶蓬半球形。大叶柄直，呈平伸姿态。三小叶靠近或重叠，中间小叶与侧小叶相似度中等，侧小叶基部对称。叶色深绿，有光泽，叶缘具大波浪，叶片椭圆形，叶顶部急尖，基部渐尖。叶痕心脏形或马蹄形，芽眼与叶痕距离近。胶乳呈白色。

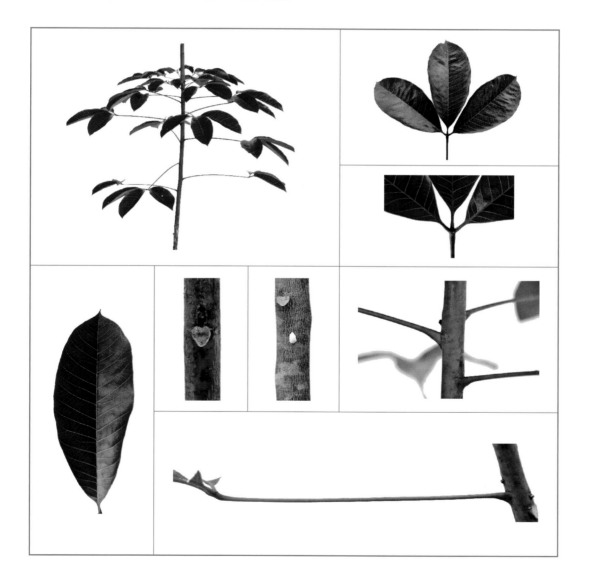

化71-1

◎ 选 育 单 位　广东化州橡胶研究所

◎ 品 种 来 源　不明

◎ 植物学特征　叶蓬半球形。大叶柄直，呈平伸姿态。三小叶分离，中间小叶与侧小叶相似度中等，侧小叶基部外斜。叶色绿，有光泽，叶缘具中波浪，叶片椭圆形，叶顶部渐尖，基部渐尖。叶痕心脏形或马蹄形，芽眼与叶痕距离近。胶乳呈白色。

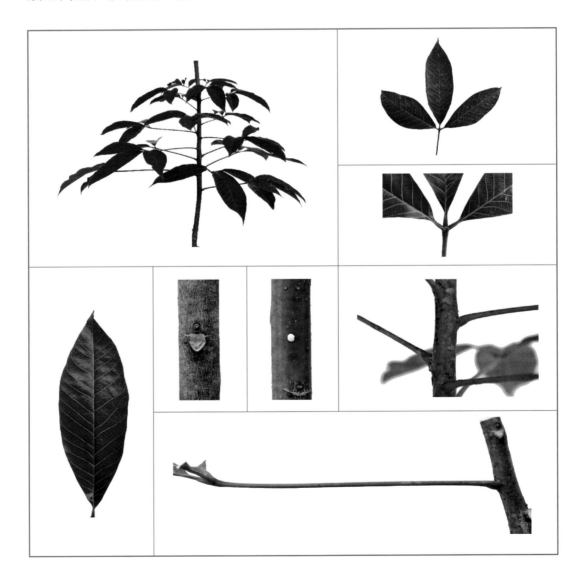

芒市1-33

◎ 选 育 单 位　云南德宏热带农业科学研究所
◎ 品 种 来 源　初生代无性系
◎ 植物学特征　叶蓬半球形。大叶柄直，呈平伸姿态。三小叶靠近至重叠，中间小叶与侧小叶相似度低，侧小叶基部外斜。叶色绿，光泽度弱，叶缘具中波浪，叶片倒卵状椭圆形，叶顶部急尖，基部渐尖。叶痕半圆形或马蹄形，芽眼与叶痕距离近。胶乳呈白色。

闽林71-22

◎ 选 育 单 位　福建热带作物科学研究所

◎ 品 种 来 源　天任 31-45 × PR107

◎ 植物学特征　叶蓬半球形。大叶柄直，呈平伸姿态。三小叶分离，中间小叶与侧小叶相似度低，侧小叶基部对称。叶色深绿，光泽度强，叶缘具中波浪，叶片倒卵形，叶顶部芒尖，基部渐尖。叶痕心脏形或马蹄形，芽眼与叶痕有一定距离。胶乳呈白色。

南俸1-97

◎ 选 育 单 位 海南国营南俸农场

◎ 品 种 来 源 不明

◎ 植物学特征 叶蓬半球形。大叶柄直，呈平伸姿态。三小叶重叠，中间小叶与侧小叶相似度低，侧小叶基部内斜。叶色深绿，光泽度弱，叶缘具中波浪，叶片倒卵形，叶顶部芒尖，基部渐尖。叶痕心脏形或马蹄形，芽眼与叶痕距离近。胶乳呈白色。

南俸37

◎ 选 育 单 位　海南国营南俸农场

◎ 品 种 来 源　不明

◎ 植物学特征　叶蓬半球形或截顶圆锥形。大叶柄直，呈平伸姿态。三小叶分离，中间小叶与侧小叶相似度低，侧小叶基部对称。叶色深绿，有光泽，叶缘具大波浪，叶片倒卵状椭圆形，叶顶部渐尖，基部渐尖。叶痕心脏形或马蹄形，芽眼与叶痕距离近。胶乳呈白色。

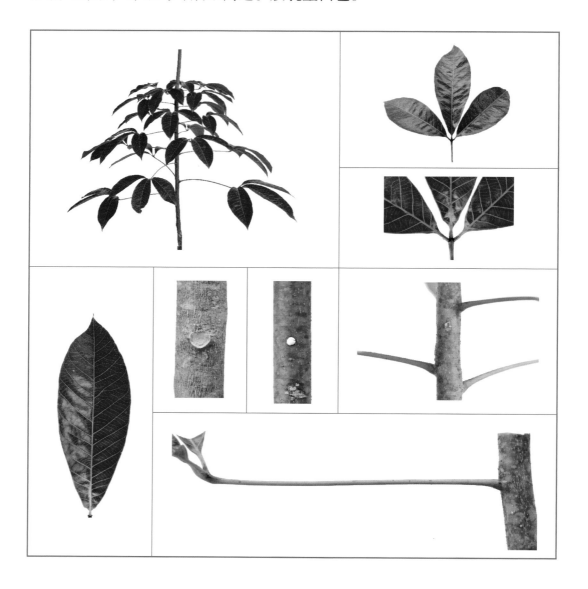

南俸70

◎ 选育单位　海南国营南俸农场

◎ 品种来源　RRIM501 × RRIM600

◎ 植物学特征　叶蓬半球形。大叶柄直，呈平伸姿态。三小叶分离，中间小叶与侧小叶相似度低，侧小叶基部对称。叶色深绿，光泽度强，叶缘具大波浪，叶片倒卵状椭圆形，叶顶部渐尖，基部渐尖。叶痕心脏形或马蹄形，芽眼与叶痕距离近。胶乳呈白色。

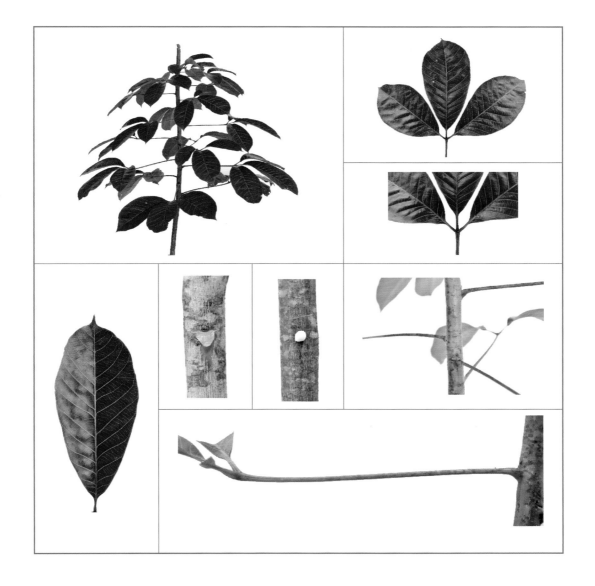

南华1

◎ **选育单位** 广东徐闻橡胶研究所

◎ **品种来源** 初生代无性系

◎ **植物学特征** 叶蓬半球形。大叶柄直，呈平伸姿态。三小叶显著分离，中间小叶与侧小叶相似度低，侧小叶基部外斜。叶色深绿，光泽度强，叶缘具大波浪，叶片倒卵形，叶顶部芒尖，基部渐尖。叶痕半圆形或马蹄形，芽眼与叶痕距离近。胶乳呈白色。

南华76-1

◎ **选育单位**　广东徐闻橡胶研究所

◎ **品种来源**　不明

◎ **植物学特征**　叶蓬半球形至截顶圆锥形。大叶柄直，呈平伸姿态。三小叶显著分离，中间小叶与侧小叶相似度低，侧小叶基部对称。叶色深绿，光泽度强，叶缘具中波浪，叶片长倒卵形，叶顶部急尖，基部楔形。叶痕心脏形或马蹄形，芽眼与叶痕距离近。胶乳呈白色。

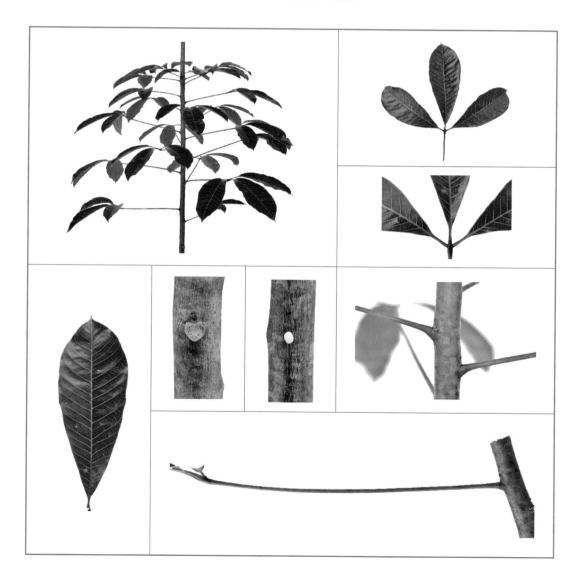

南牛田1-1

◎ **选 育 单 位**　海南国营南俸农场

◎ **品 种 来 源**　不明

◎ **植物学特征**　叶蓬半球形。大叶柄直，呈平伸姿态。三小叶靠近或重叠，中间小叶与侧小叶相似度低，侧小叶基部对称。叶色深绿，有光泽，叶缘具大波浪，叶片倒卵形，叶顶部急尖，基部渐尖。叶痕心脏形或马蹄形，芽眼与叶痕距离近。胶乳呈白色。

热垦126

◎ **选育单位**　马来西亚橡胶研究院育成，海南农垦橡胶研究所选出

◎ **品种来源**　RRIM605 × RRIM71

◎ **植物学特征**　叶蓬半球形。大叶柄直，呈平伸姿态。三小叶显著分离，中间小叶与侧小叶相似度低，侧小叶基部对称。叶色深绿，有光泽，叶缘具大波浪，叶片倒卵形，叶顶部芒尖，基部渐尖。叶痕三角形或马蹄形，芽眼与叶痕距离近。胶乳呈白色。

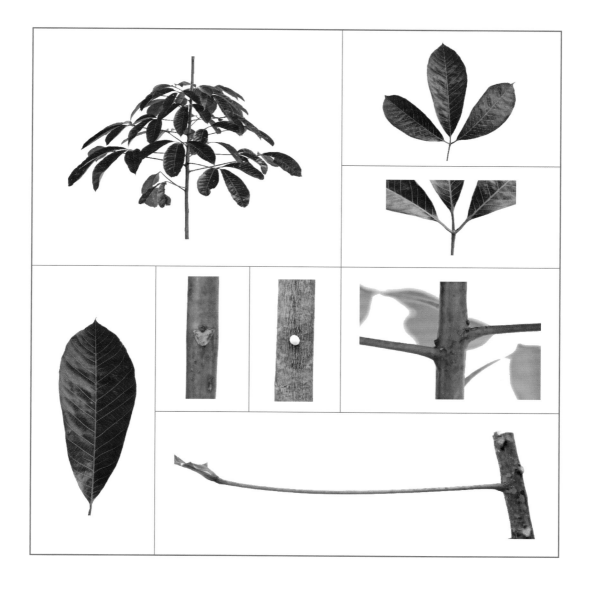

热垦167

◎ 选 育 单 位　马来西亚橡胶研究院育成，中国热带农业科学院橡胶研究所选出

◎ 品 种 来 源　RRIM605×PB5/51

◎ 植物学特征　叶蓬截顶圆锥形。大叶柄直，呈平伸姿态。三小叶靠近或重叠，中间小叶与侧小叶相似度低，侧小叶基部对称。叶色深绿，光泽度强，叶缘具大波浪，叶片倒卵形，叶顶部急尖，基部渐尖。叶痕半圆形或马蹄形，芽眼与叶痕距离近。胶乳呈白色。

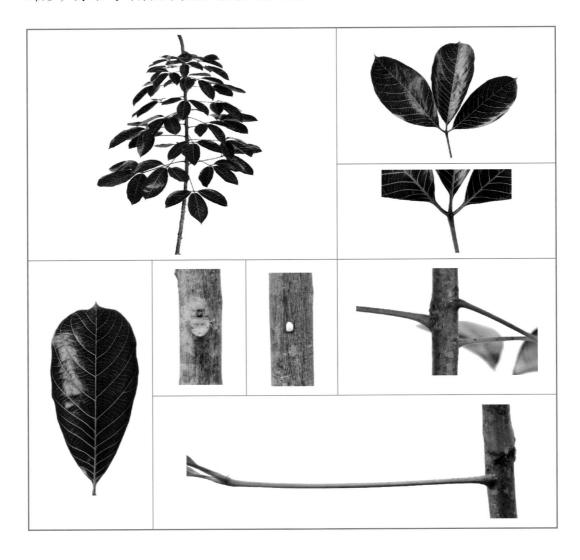

热垦178

◎ **选 育 单 位**　马来西亚橡胶研究院育成，中国热带农业科学院橡胶研究所选出

◎ **品 种 来 源**　RRIM605 × RRIM725

◎ **植物学特征**　叶蓬截顶圆锥形。大叶柄直，呈平伸姿态。三小叶重叠，中间小叶与侧小叶相似度高，侧小叶基部对称。叶色深绿，有光泽，叶缘具大波浪或无，叶片倒卵状椭圆形，叶顶部急尖，基部渐尖。叶痕半圆形或马蹄形，芽眼与叶痕距离近。胶乳呈白色。

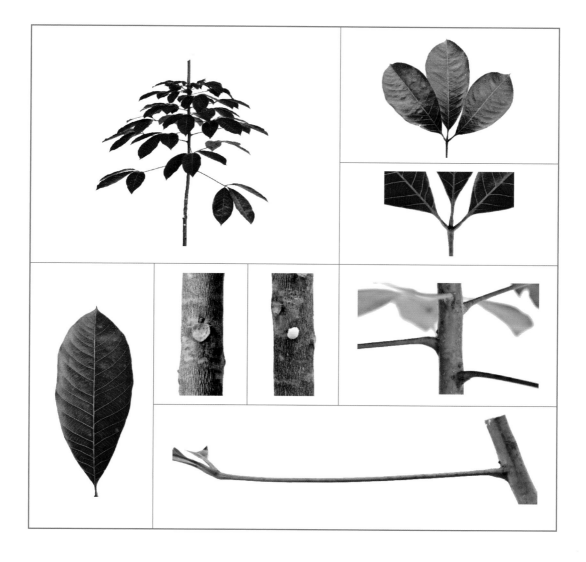

热垦179

◎ 选育单位　马来西亚橡胶研究院育成，中国热带农业科学院橡胶研究所选出

◎ 品种来源　RRIM605 × RRIM725

◎ 植物学特征　叶蓬半球形。大叶柄直，呈平伸姿态。三小叶分离，中间小叶与侧小叶相似度低，侧小叶基部内斜。叶色深绿，有光泽，叶缘具大波浪或无，叶片倒卵形，叶顶部渐尖，基部渐尖。叶痕心脏形或马蹄形，芽眼与叶痕距离远。胶乳呈白色。

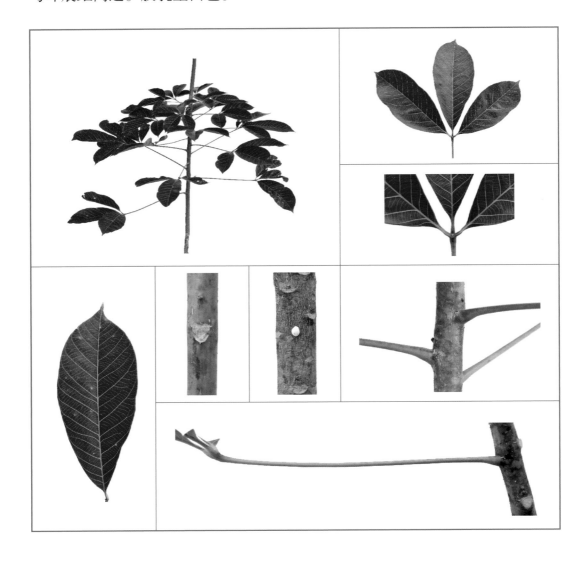

热垦187

◎ **选育单位**　马来西亚橡胶研究院育成，中国热带农业科学院橡胶研究所选出

◎ **品种来源**　PB5/51×RRIM703

◎ **植物学特征**　叶蓬半球形或截顶圆锥形。大叶柄直，呈平伸姿态。三小叶分离，中间小叶与侧小叶相似度低，侧小叶基部外斜。叶色深绿，光泽度强，叶缘具大波浪或无，叶片倒卵状椭圆形，叶顶部渐尖，基部渐尖。叶痕心脏形或马蹄形，芽眼与叶痕距离远。胶乳呈白色。

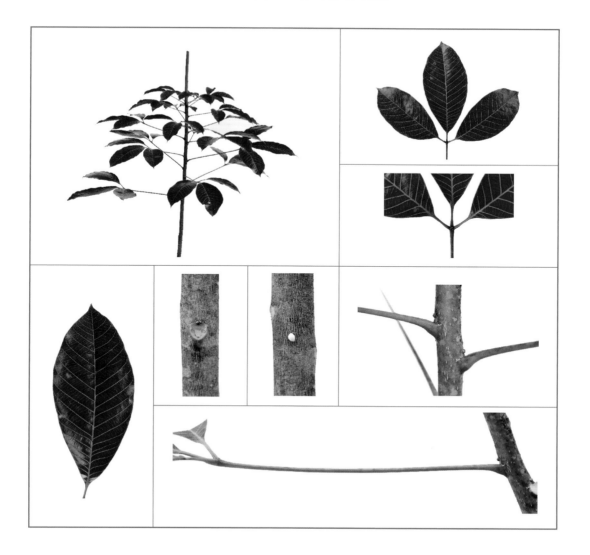

热垦193

◎ 选育单位　马来西亚橡胶研究院育成，中国热带农业科学院橡胶研究所选出

◎ 品种来源　PB28/59×PR107

◎ 植物学特征　叶蓬半球形。大叶柄直，呈平伸姿态。三小叶靠近，中间小叶与侧小叶相似度低，侧小叶基部外斜。叶色深绿，光泽度强，叶缘具大波浪或无，叶片倒卵状椭圆形，叶顶部急尖，基部渐尖。叶痕半圆形或马蹄形，芽眼与叶痕距离远。胶乳呈白色。

热垦501

◎ **选育单位**　马来西亚橡胶研究院育成，中国热带农业科学院橡胶研究所选出

◎ **品种来源**　RRIM600 × PB260

◎ **植物学特征**　叶蓬圆锥形。大叶柄直，呈下垂姿态。三小叶分离，中间小叶与侧小叶相似度低，侧小叶基部对称。叶色深绿，光泽度强，叶缘具大波浪或无，叶片倒卵形，叶顶部急尖，基部渐尖。叶痕马蹄形或心脏形，芽眼与叶痕有一定距离。胶乳呈白色。

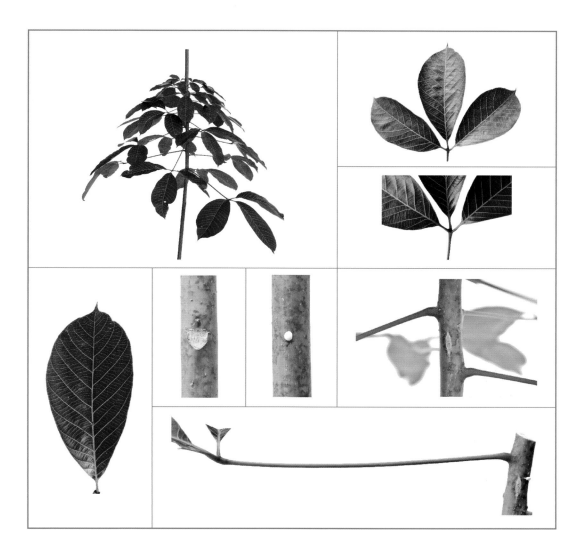

热垦508

◎ 选 育 单 位　马来西亚橡胶研究院育成，中国热带农业科学院橡胶研究所选出

◎ 品 种 来 源　RRIM623 × PB252

◎ 植 物 学 特 征　叶蓬圆锥形。大叶柄直，呈平伸姿态。三小叶显著分离，中间小叶与侧小叶相似度低，侧小叶基部外斜。叶色浅绿，光泽度弱，叶缘具大波浪或无，叶片倒卵状椭圆形，叶顶部渐尖，基部渐尖。叶痕马蹄形或心脏形，芽眼与叶痕距离近。胶乳呈白色。

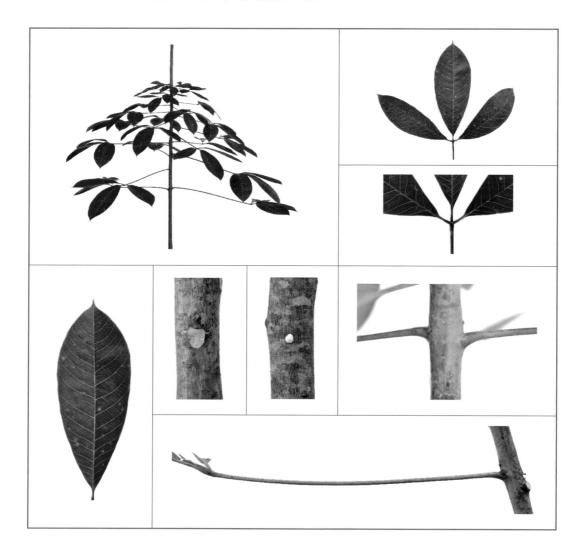

热垦509

◎ **选 育 单 位**　马来西亚橡胶研究院育成，中国热带农业科学院橡胶研究所选出

◎ **品 种 来 源**　GT1 × PB260

◎ **植物学特征**　叶蓬圆锥形。大叶柄直，呈平伸姿态。三小叶分离，中间小叶与侧小叶相似度中等，侧小叶基部对称。叶色浅绿，光泽度弱，叶缘具大波浪，叶片椭圆形，叶顶部渐尖，基部渐尖。叶痕马蹄形或心脏形，芽眼与叶痕距离近。胶乳呈白色。

热垦514

◎ 选育单位　马来西亚橡胶研究院育成，中国热带农业科学院橡胶研究所选出

◎ 品种来源　GT1 × PB260

◎ 植物学特征　叶蓬截顶圆锥形。大叶柄直，呈上仰姿态。三小叶显著分离，中间小叶与侧小叶相似度中等，侧小叶基部对称。叶色深绿，有光泽，叶缘具大波浪，叶片倒卵形，叶顶部急尖，基部渐尖。叶痕半圆形或马蹄形，芽眼与叶痕距离近。胶乳呈白色。

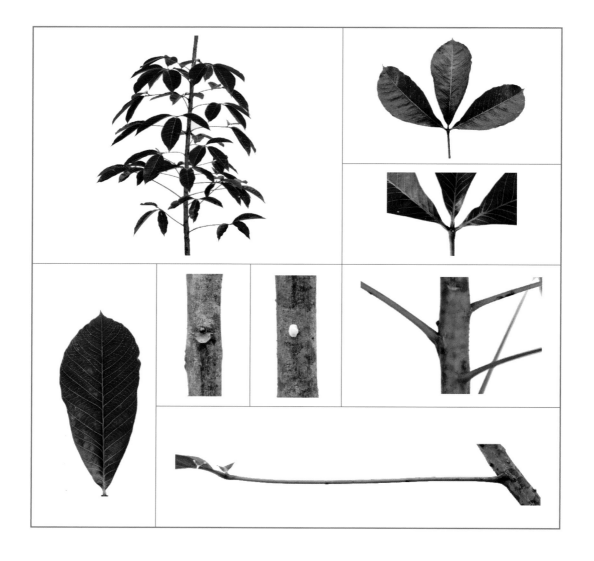

热垦523

◎ 选 育 单 位 马来西亚橡胶研究院育成，中国热带农业科学院橡胶研究所选出

◎ 品 种 来 源 IAN873 × PB260

◎ 植 物 学 特 征 叶蓬截顶圆锥形。大叶柄直，呈平伸姿态。三小叶分离，中间小叶与侧小叶相似度低，侧小叶基部对称。叶色深绿，光泽度强，叶缘具中波浪，叶片倒卵形，叶顶部芒尖，基部渐尖。叶痕心脏形或马蹄形，芽眼与叶痕距离近。胶乳呈白色。

热垦525

◎ 选育单位　马来西亚橡胶研究院育成，中国热带农业科学院橡胶研究所选出

◎ 品种来源　IAN873 × RRIM803

◎ 植物学特征　叶蓬半球形。大叶柄直，呈平伸姿态。三小叶分离，中间小叶与侧小叶相似度中等，侧小叶基部外斜。叶色深绿，有光泽，叶缘具大波浪，叶片倒卵形，叶顶部芒尖，基部渐尖。叶痕半圆形或马蹄形，芽眼与叶痕有一定距离。胶乳呈白色。

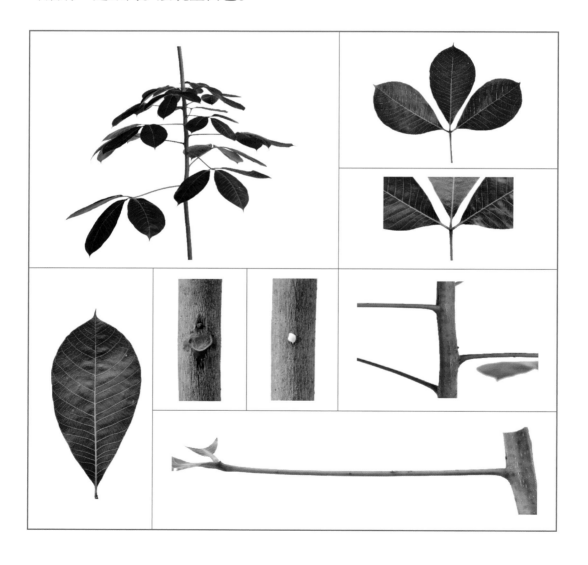

热垦628

◎ **选育单位**　马来西亚橡胶研究院育成，中国热带农业科学院橡胶研究所选出

◎ **品种来源**　IAN873 × PB235

◎ **植物学特征**　叶蓬半球形。大叶柄直，呈平伸姿态。三小叶靠近至分离，中间小叶与侧小叶相似度低，侧小叶基部外斜。叶色深绿，光泽度强，叶缘具大波浪，叶片椭圆形，叶顶部渐尖，基部渐尖。叶痕心脏形或马蹄形，芽眼与叶痕距离近。胶乳呈浅黄色。

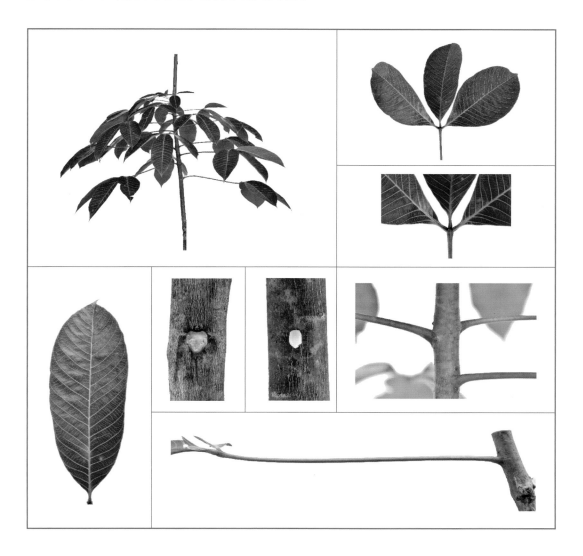

热研1-8

◎ 选 育 单 位　中国热带农业科学院橡胶研究所

◎ 品 种 来 源　不明

◎ 植物学特征　叶蓬截顶圆锥形。大叶柄"S"形，呈下垂姿态。三小叶显著分离，中间小叶与侧小叶相似度低，侧小叶基部对称。叶色深绿，有光泽，叶缘具中到大波浪，叶片倒卵状椭圆形，叶顶部急尖，基部渐尖。叶痕马蹄形或心脏形，芽眼与叶痕距离近。胶乳呈白色。

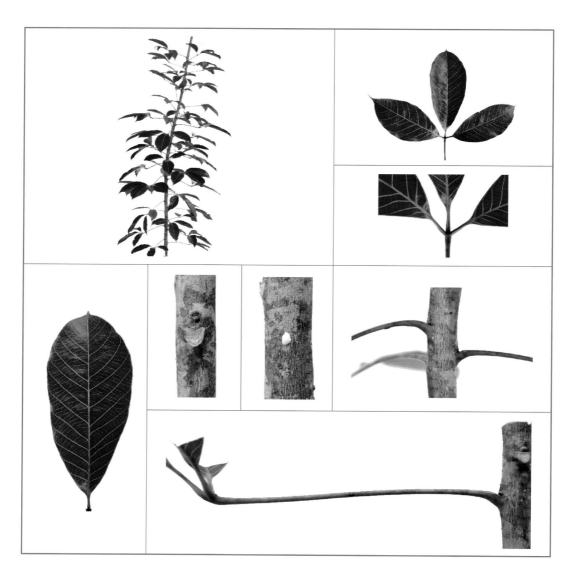

热研6-231

◎ **选育单位**　中国热带农业科学院橡胶研究所

◎ **品种来源**　RRIM600 × PR107

◎ **植物学特征**　叶蓬截顶圆锥形。大叶柄直，呈平伸姿态。三小叶显著分离，中间小叶与侧小叶相似度低，侧小叶基部对称。叶色深绿，光泽度强，叶缘具大波浪，叶片倒卵状椭圆形，叶顶部渐尖，基部渐尖。叶痕心脏形或马蹄形，芽眼与叶痕距离近。胶乳呈白色。

热研7-4

◎ **选 育 单 位** 中国热带农业科学院橡胶研究所

◎ **品 种 来 源** 不明

◎ **植物学特征** 叶蓬半球形。大叶柄直，呈平伸姿态。三小叶显著分离，中间小叶与侧小叶相似度低，侧小叶基部对称。叶色深绿，光泽度强，叶缘具大波浪，叶片椭圆形，叶顶部急尖，基部渐尖。叶痕马蹄形或半圆形，芽眼与叶痕有一定距离。胶乳呈白色。

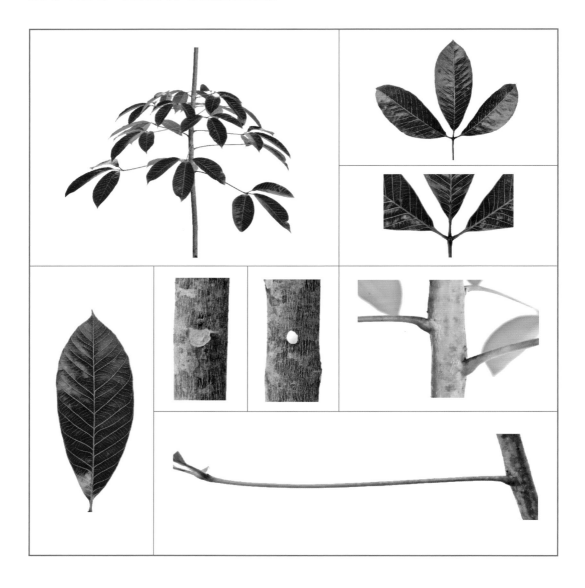

热研9-322

◎ **选 育 单 位**　中国热带农业科学院橡胶研究所

◎ **品 种 来 源**　热研 88-13 × PR107

◎ **植物学特征**　叶蓬圆锥形。大叶柄弓形，呈平伸姿态。三小叶显著分离，中间小叶与侧小叶相似度低，侧小叶基部对称。叶色深绿，有光泽，叶缘具中波浪，叶片椭圆形，叶顶部渐尖，基部渐尖。叶痕半圆形或马蹄形，芽眼与叶痕距离近。胶乳呈白色。

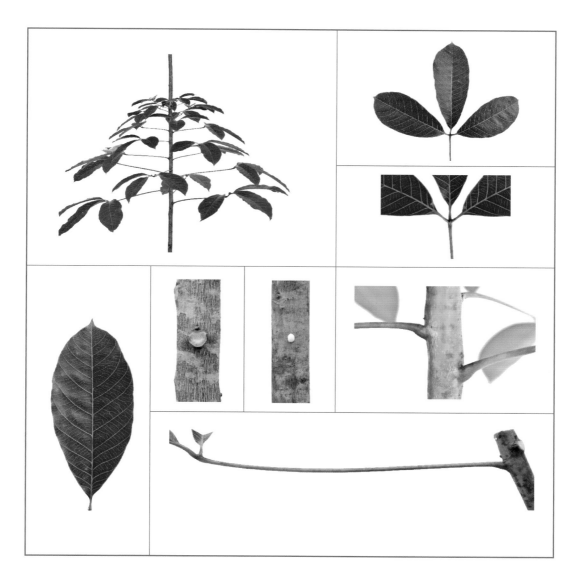

热研13-119

◎ **选 育 单 位**　中国热带农业科学院橡胶研究所

◎ **品 种 来 源**　不明

◎ **植物学特征**　叶蓬半球形。大叶柄直，呈平伸姿态。三小叶靠近或重叠，中间小叶与侧小叶相似度低，侧小叶基部对称。叶色深绿，有光泽，叶缘具大波浪，叶片椭圆形，叶顶部渐尖，基部钝尖。叶痕半圆形或马蹄形，芽眼与叶痕有一定距离。胶乳呈白色。

热研20

◎ 选 育 单 位 中国热带农业科学院橡胶研究所

◎ 品 种 来 源 不明

◎ 植物学特征 叶蓬半球形至截顶圆锥形。大叶柄弓形，呈平伸姿态。三小叶显著分离，中间小叶与侧小叶相似度低，侧小叶基部内斜。叶色深绿，光泽度强，叶缘具大波浪，叶片倒卵状椭圆形，叶顶部急尖，基部渐尖。叶痕三角形或心脏形，芽眼与叶痕距离近。胶乳呈白色。

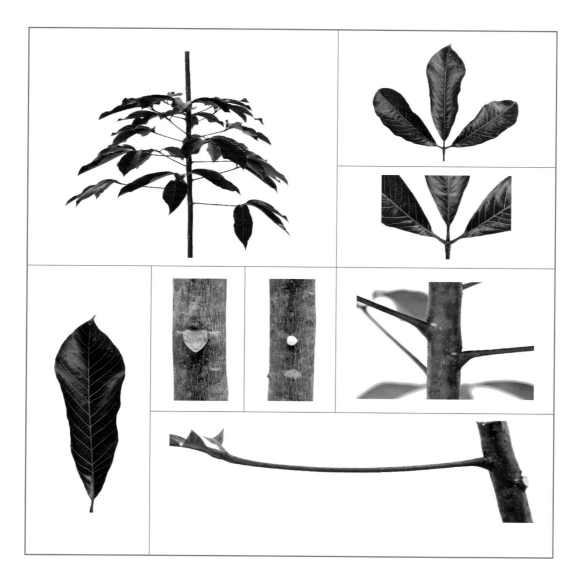

热研25

◎ **选 育 单 位**　中国热带农业科学院橡胶研究所

◎ **品 种 来 源**　不明

◎ **植物学特征**　叶蓬半球形。大叶柄直，呈上仰姿态。三小叶显著分离，中间小叶与侧小叶相似度低，侧小叶基部对称。叶色深绿，光泽度强，叶缘具大波浪，叶片倒卵状椭圆形，叶顶部芒尖，基部渐尖。叶痕三角形或心脏形，芽眼与叶痕距离近。胶乳呈白色。

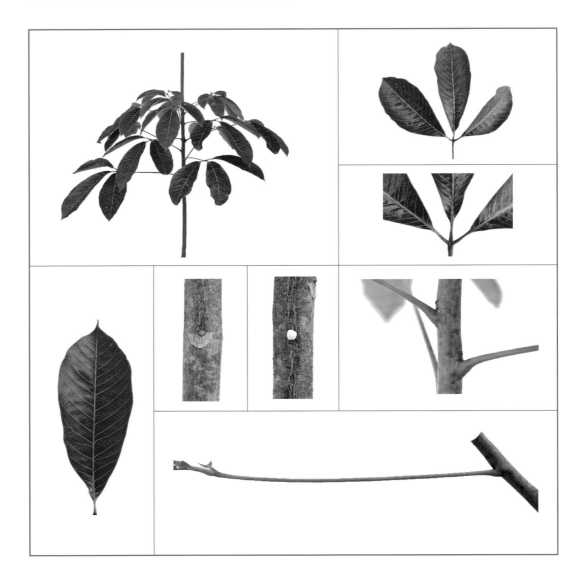

热研35

◎ **选育单位**　中国热带农业科学院橡胶研究所

◎ **品种来源**　不明

◎ **植物学特征**　叶蓬圆锥形。大叶柄直，呈平伸姿态。三小叶重叠，中间小叶与侧小叶相似度低，侧小叶基部对称。叶色深绿，光泽度弱，叶缘具小波浪，叶片椭圆形，叶顶部渐尖，基部钝形。叶痕半圆形或心脏形，芽眼与叶痕有一定距离。胶乳呈白色。

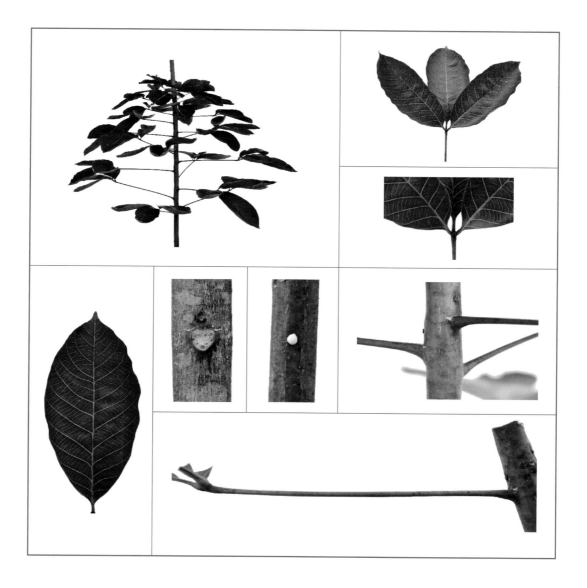

热研44-9

◎ **选育单位** 中国热带农业科学院橡胶研究所

◎ **品种来源** PB5/51×PB86

◎ **植物学特征** 叶蓬截顶圆锥形。大叶柄直，呈平伸姿态。三小叶显著分离，中间小叶与侧小叶相似度低，侧小叶基部内斜。叶色深绿，光泽度强，叶缘具大波浪或无，叶片椭圆形，叶顶部渐尖，基部渐尖。叶痕半圆形或马蹄形，芽眼与叶痕距离近。胶乳呈白色。

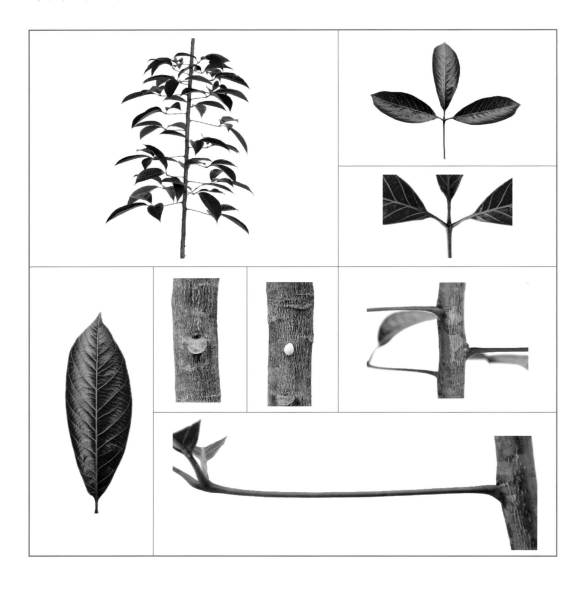

热研49

◎ **选 育 单 位**　中国热带农业科学院橡胶研究所

◎ **品 种 来 源**　不明

◎ **植物学特征**　叶蓬半球形。大叶柄直，呈上仰姿态。三小叶分离，中间小叶与侧小叶相似度低，侧小叶基部对称。叶色深绿，光泽度弱，叶缘具大波浪或无，叶片椭圆形，叶顶部芒尖，基部渐尖。叶痕半圆形或马蹄形，芽眼与叶痕距离近。胶乳呈白色。

热研50

◎ **选育单位** 中国热带农业科学院橡胶研究所

◎ **品种来源** 不明

◎ **植物学特征** 叶蓬半球形或截顶圆锥形。大叶柄直，呈平伸姿态。三小叶靠近或重叠，中间小叶与侧小叶相似度低，侧小叶基部对称。叶色深绿，光泽度强，叶缘具大波浪或无，叶片倒卵状椭圆形，叶顶部渐尖，基部渐尖。叶痕心脏形或马蹄形，芽眼与叶痕距离近。胶乳呈白色。

热研61

◎ 选 育 单 位　中国热带农业科学院橡胶研究所

◎ 品 种 来 源　不明

◎ 植物学特征　叶蓬半球形。大叶柄直，呈平伸姿态。三小叶分离，中间小叶与侧小叶相似度低，侧小叶基部对称。叶色深绿，光泽度强，叶缘具大波浪或无，叶片倒卵形，叶顶部渐尖，基部渐尖。叶痕半圆形或马蹄形，芽眼与叶痕距离近。胶乳呈白色。

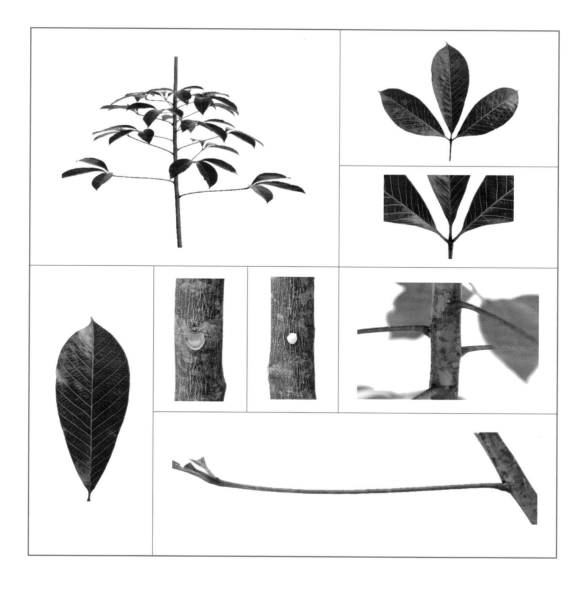

热研78-2

◎ 选 育 单 位　中国热带农业科学院橡胶研究所

◎ 品 种 来 源　不明

◎ 植物学特征　叶蓬半球形。大叶柄直，呈上仰姿态。三小叶重叠，中间小叶与侧小叶相似度中等，侧小叶基部对称。叶色深绿，有光泽，叶缘具大波浪，叶片倒卵形，叶顶部渐尖，基部渐尖。叶痕心脏形或马蹄形，芽眼与叶痕距离近。胶乳呈白色。

热研88-13

◎ 选 育 单 位　中国热带农业科学院橡胶研究所

◎ 品 种 来 源　RRIM600 × PilB84

◎ 植物学特征　叶蓬半球形。大叶柄直，呈平伸姿态。三小叶分离，中间小叶与侧小叶相似度低，侧小叶基部对称。叶色深绿，有光泽，叶缘具中波浪，叶片倒卵状椭圆形，叶顶部渐尖，基部渐尖。叶痕心脏形或马蹄形，芽眼与叶痕距离近。胶乳呈白色。

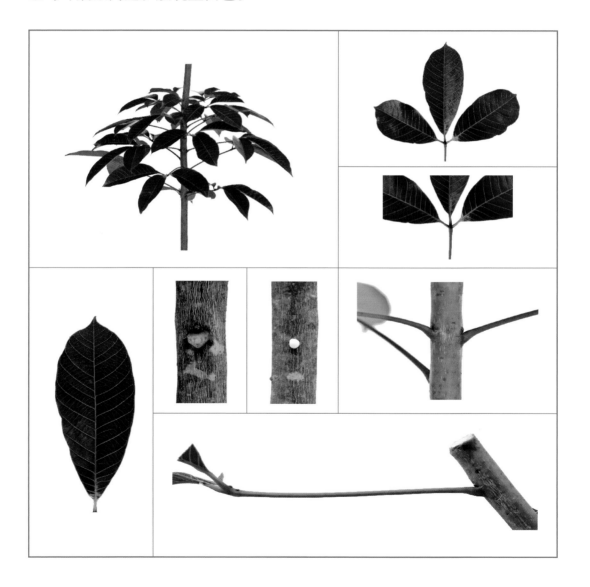

热研106

◎ 选育单位　中国热带农业科学院橡胶研究所

◎ 品种来源　热研 88-13×热研 217

◎ 植物学特征　叶蓬半球形。大叶柄弓形，呈平伸姿态。三小叶分离，中间小叶与侧小叶相似度中等，侧小叶基部对称。叶色绿，光泽度弱，叶缘具小波浪，叶片倒卵状椭圆形，叶顶部芒尖，基部楔形。叶痕心脏形或马蹄形，芽眼与叶痕距离近。胶乳呈白色。

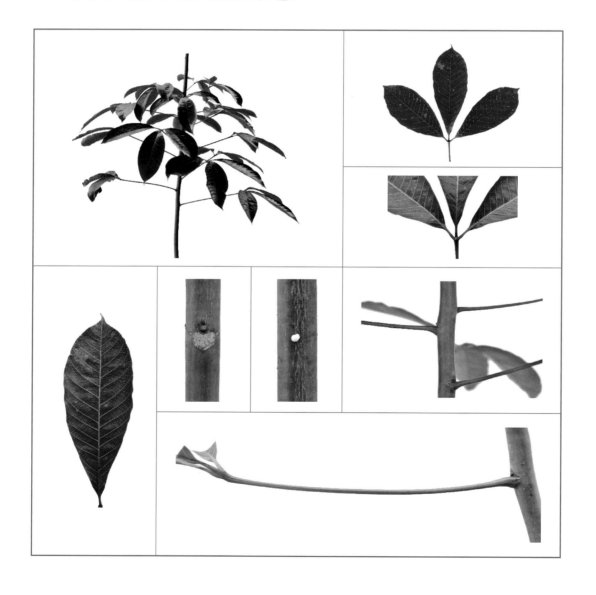

热研879

◎ 选育单位　中国热带农业科学院橡胶研究所

◎ 品种来源　热研 88-13 × 热研 217

◎ 植物学特征　叶蓬半球形。大叶柄直，呈上仰姿态。三小叶分离，中间小叶与侧小叶相似度中等，侧小叶基部对称。叶色绿，有光泽，叶缘具大波浪，叶片椭圆形，叶顶部渐尖，基部渐尖。叶痕心脏形或马蹄形，芽眼与叶痕距离近。胶乳呈白色。

热研917

◎ 选 育 单 位　中国热带农业科学院橡胶研究所

◎ 品 种 来 源　RRIM600 × PR107

◎ 植物学特征　叶蓬截顶圆锥形。大叶柄直，呈上仰姿态。三小叶显著分离，中间小叶与侧小叶相似度中等，侧小叶基部对称。叶色深绿，光泽度强，叶缘具大波浪，叶片倒卵状椭圆形，叶顶部渐尖，基部渐尖。叶痕心脏形或马蹄形，芽眼与叶痕距离近。胶乳呈白色。

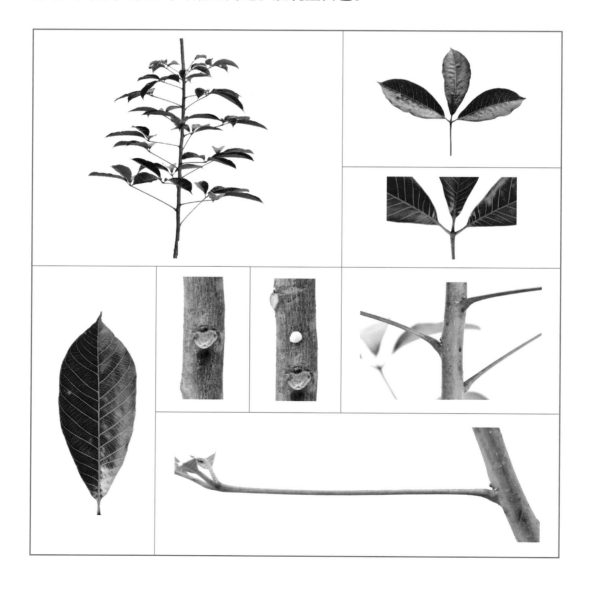

热研73397

◎ **选 育 单 位**　中国热带农业科学院橡胶研究所

◎ **品 种 来 源**　RRIM600 × PR107

◎ **植物学特征**　叶蓬截顶圆锥形。大叶柄直，呈平伸姿态。三小叶显著分离，中间小叶与侧小叶相似度低，侧小叶基部对称。叶色绿，光泽度弱，叶缘具中波浪，叶片倒卵状椭圆形，叶顶部渐尖，基部渐尖。叶痕马蹄形或心脏形，芽眼与叶痕距离近。胶乳呈白色。

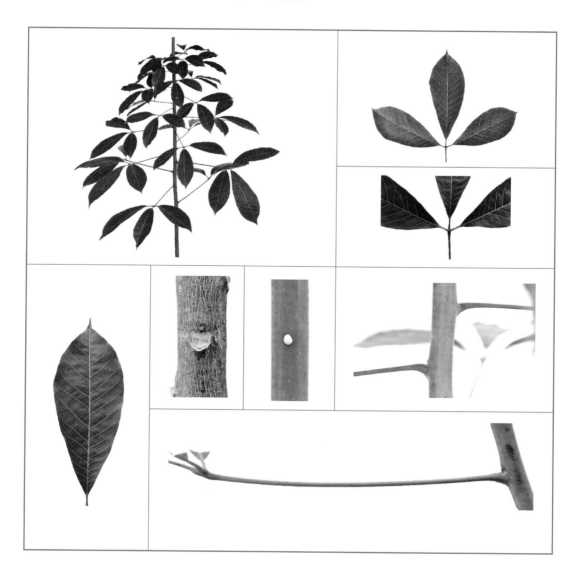

天任31-45

◎ 选 育 单 位　海南国营西联农场

◎ 品 种 来 源　初生代无性系

◎ 植物学特征　叶蓬半球形。大叶柄直，呈平伸姿态。三小叶分离，中间小叶与侧小叶相似度低，侧小叶基部外斜。叶色深绿，有光泽，叶缘具大波浪，叶片椭圆形，叶顶部急尖，基部钝形。叶痕心脏形或三角形，芽眼与叶痕距离近。胶乳呈白色。

文昌6-12

◎ 选 育 单 位　　海南农垦橡胶研究所

◎ 品 种 来 源　　RRIM600×海垦6

◎ 植物学特征　　叶蓬半球形。大叶柄直，呈平伸姿态。三小叶分离，中间小叶与侧小叶相似度低，侧小叶基部对称。叶色深绿，有光泽，叶缘具小波浪，叶片倒卵形，叶顶部芒尖，基部渐尖。叶痕马蹄形或心脏形，芽眼与叶痕距离远。胶乳呈白色。

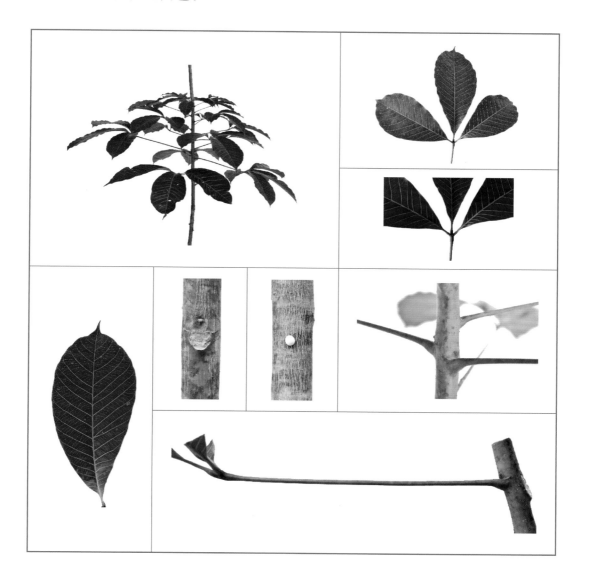

文昌7-35-11

◎ **选 育 单 位**　海南农垦橡胶研究所

◎ **品 种 来 源**　PB5/51 × PR107

◎ **植物学特征**　叶蓬半球形。大叶柄直，呈上仰姿态。三小叶分离，中间小叶与侧小叶相似度低，侧小叶基部对称。叶色绿，有光泽，叶缘具大波浪，叶片倒卵形，叶顶部芒尖，基部渐尖。叶痕马蹄形或半圆形，芽眼与叶痕距离近。胶乳呈白色。

文昌11

◎ **选 育 单 位**　*海南农垦橡胶研究所*

◎ **品 种 来 源**　RRIM600 × PR107

◎ **植物学特征**　叶蓬半球形。大叶柄直，呈上仰姿态。三小叶分离，中间小叶与侧小叶相似度低，侧小叶基部对称。叶色深绿，光泽度强，叶缘具大波浪，叶片倒卵状椭圆形，叶顶部芒尖，基部渐尖。叶痕马蹄形或圆形，芽眼与叶痕距离近。胶乳呈白色。

文昌33-24

◎ **选 育 单 位** 　海南农垦橡胶研究所

◎ **品 种 来 源** 　杂 39（南强 1-15×福华 1-5）×海垦 1

◎ **植物学特征** 　叶蓬截顶圆锥形。大叶柄直，呈平伸姿态。三小叶靠近，中间小叶与侧小叶相似度低，侧小叶基部对称。叶色深绿，光泽度强，叶缘具大波浪，叶片倒卵形，叶顶部渐尖，基部渐尖。叶痕马蹄形或半圆形，芽眼与叶痕有一定距离。胶乳呈白色。

文昌35-24

◎ **选 育 单 位**　海南农垦橡胶研究所

◎ **品 种 来 源**　不明

◎ **植物学特征**　叶蓬截顶圆锥形。大叶柄直，呈上仰姿态。三小叶靠近，中间小叶与侧小叶相似度低，侧小叶基部对称。叶色深绿，有光泽，叶缘具大波浪，叶片倒卵形，叶顶部芒尖，基部渐尖。叶痕马蹄形或半圆形，芽眼与叶痕有一定距离。胶乳呈白色。

文昌147

◎ 选 育 单 位　海南农垦橡胶研究所

◎ 品 种 来 源　PB5/51×PR107

◎ 植物学特征　叶蓬半球形。大叶柄直，呈平伸姿态。三小叶分离，中间小叶与侧小叶相似度低，侧小叶基部对称。叶色绿，有光泽，叶缘具大波浪，叶片倒卵形，叶顶部急尖，基部楔形。叶痕马蹄形或半圆形，芽眼与叶痕距离近。胶乳呈白色。

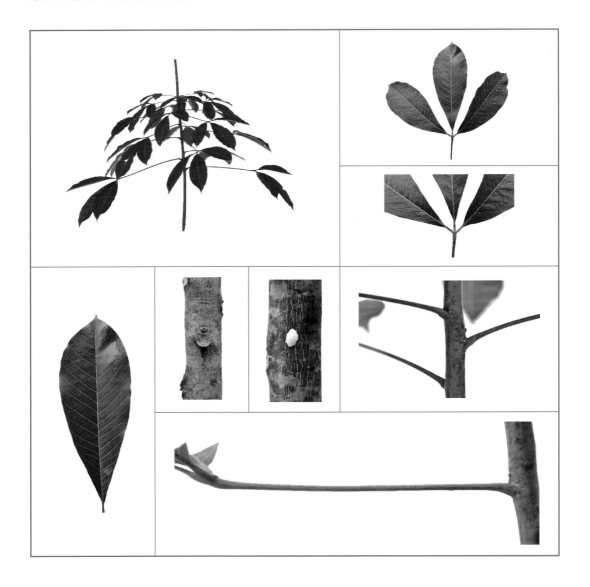

文昌193

◎ 选 育 单 位　*海南农垦橡胶研究所*

◎ 品 种 来 源　PB5/51 × PR107

◎ 植物学特征　叶蓬半球形。大叶柄直，呈平伸姿态。三小叶显著分离，中间小叶与侧小叶相似度高，侧小叶基部对称。叶色绿，光泽度弱，叶缘具中波浪，叶片倒卵形，叶顶部渐尖，基部渐尖。叶痕马蹄形或心脏形，芽眼与叶痕距离近。胶乳呈白色。

文昌215

◎ 选育单位　海南农垦橡胶研究所

◎ 品种来源　PB5/51 × PR107

◎ 植物学特征　叶蓬半球形。大叶柄直，呈平伸姿态。三小叶靠近，中间小叶与侧小叶相似度低，侧小叶基部对称。叶色深绿，光泽度强，叶缘具中波浪，叶片倒卵形，叶顶部急尖，基部渐尖。叶痕半圆形或马蹄形，芽眼与叶痕距离近。胶乳呈白色。

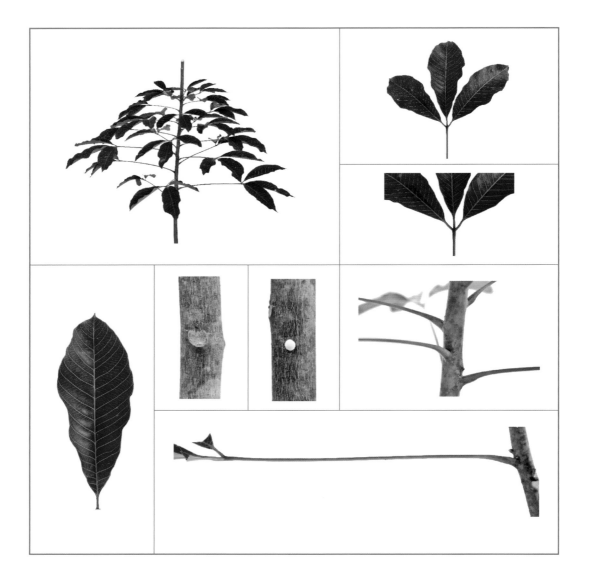

文昌217

◎ 选 育 单 位　海南农垦橡胶研究所

◎ 品 种 来 源　海垦 1 × PR107

◎ 植物学特征　叶蓬弧形至半球形。大叶柄直，呈平伸姿态。三小叶靠近，中间小叶与侧小叶相似度中等，侧小叶基部对称。叶色绿，光泽度强，叶缘具中波浪，叶片椭圆形，叶顶部渐尖，基部渐尖。叶痕马蹄形或心脏形，芽眼与叶痕距离近。胶乳呈白色。

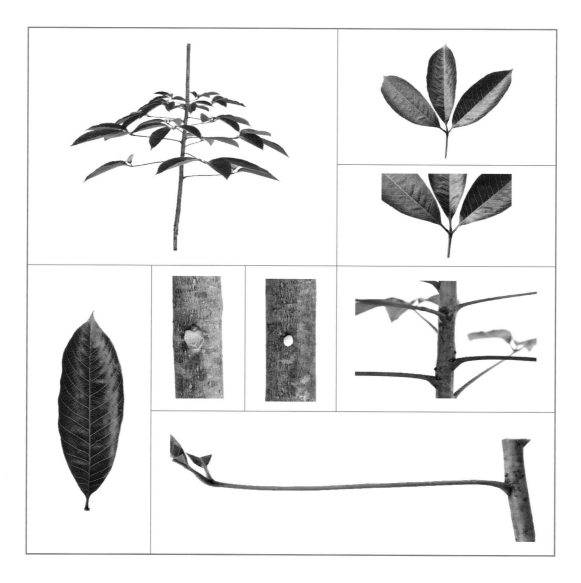

文昌238

◎ **选育单位** 海南农垦橡胶研究所

◎ **品种来源** 不明

◎ **植物学特征** 叶蓬半球形。大叶柄直，呈上仰姿态。三小叶分离，中间小叶与侧小叶相似度高，侧小叶基部对称。叶色深绿，光泽度强，叶缘具大波浪，叶片倒卵状椭圆形，叶顶部渐尖，基部渐尖。叶痕心脏形或马蹄形，芽眼与叶痕距离近。胶乳呈白色。

文昌336

◎ **选 育 单 位** 海南农垦橡胶研究所

◎ **品 种 来 源** 不明

◎ **植物学特征** 叶蓬半球形。大叶柄直，呈平伸姿态。三小叶显著分离，中间小叶与侧小叶相似度高，侧小叶基部对称。叶色绿，有光泽，叶缘具中波浪，叶片倒卵状椭圆形，叶顶部急尖，基部渐尖。叶痕半圆形或马蹄形，芽眼与叶痕距离近。胶乳呈浅黄色。

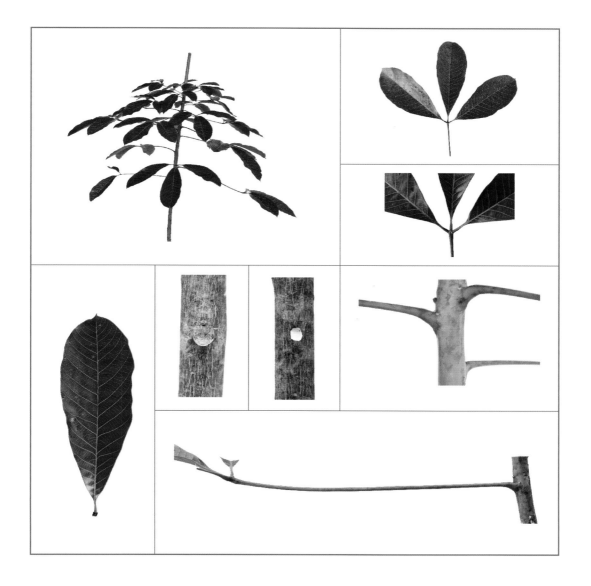

文昌354

◎ 选 育 单 位　海南农垦橡胶研究所

◎ 品 种 来 源　不明

◎ 植物学特征　叶蓬半球形。大叶柄弓形，呈平伸姿态。三小叶靠近，中间小叶与侧小叶相似度中等，侧小叶基部对称。叶色绿，有光泽，叶缘具小波浪，叶片倒卵状椭圆形，叶顶部急尖，基部渐尖。叶痕马蹄形或半圆形，芽眼与叶痕距离近。胶乳呈浅黄色。

文昌502

◎ **选 育 单 位**　海南农垦橡胶研究所

◎ **品 种 来 源**　不明

◎ **植物学特征**　叶蓬半球形。大叶柄直，呈上仰姿态。三小叶显著分离，中间小叶与侧小叶相似度低，侧小叶基部外斜。叶色绿，有一定光泽，叶缘具大波浪，叶片倒卵形，叶顶部芒尖，基部渐尖。叶痕半圆形或马蹄形，芽眼与叶痕距离近。胶乳呈白色。

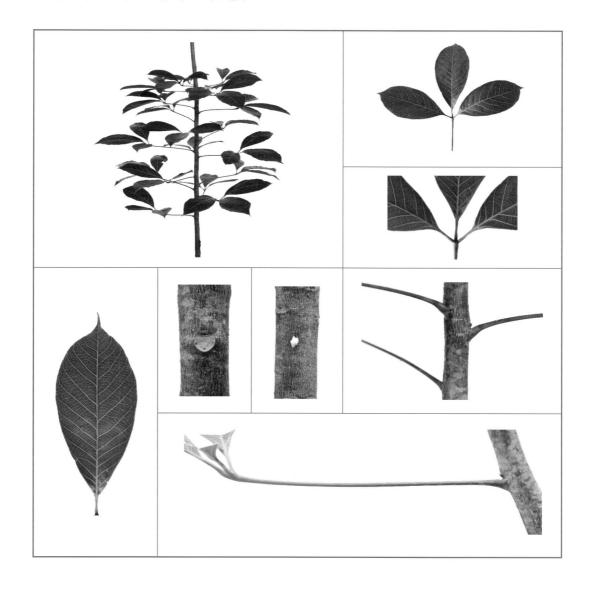

五星I3

◎ 选 育 单 位　海南农垦橡胶研究所

◎ 品 种 来 源　不明

◎ 植物学特征　叶蓬半球形。大叶柄直，呈平伸姿态。三小叶靠近，中间小叶与侧小叶相似度低，侧小叶基部外斜。叶色深绿，光泽度强，叶缘具大波浪，叶片倒卵状椭圆形，叶顶部急尖，基部钝形。叶痕心脏形或马蹄形，芽眼与叶痕距离近。胶乳呈白色。

云研13

◎ 选 育 单 位　云南热带作物科学研究所

◎ 品 种 来 源　不明

◎ 植物学特征　叶蓬半球形。大叶柄直，呈平伸姿态。三小叶分离，中间小叶与侧小叶相似度低，侧小叶基部对称。叶色深绿，光泽度强，叶缘具大波浪，叶片倒卵形，叶顶部急尖，基部楔形。叶痕近圆形或马蹄形，芽眼与叶痕距离近。胶乳呈白色。

云研35

◎ 选 育 单 位　云南热带作物科学研究所

◎ 品 种 来 源　不明

◎ 植物学特征　叶蓬半球形。大叶柄直，呈上仰姿态。三小叶显著分离，中间小叶与侧小叶相似度低，侧小叶基部对称。叶色深绿，光泽度强，叶缘具大波浪，叶片倒卵形，叶顶部芒尖，基部楔形。叶痕心脏形或马蹄形，芽眼与叶痕距离近。胶乳呈白色。

云研49

◎ **选 育 单 位**　云南热带作物科学研究所

◎ **品 种 来 源**　不明

◎ **植物学特征**　叶蓬截顶圆锥形。大叶柄直，呈下垂姿态。三小叶分离，中间小叶与侧小叶相似度低，侧小叶基部外斜。叶色深绿，光泽度强，叶缘具大波浪，叶片倒卵形，叶顶部芒尖，基部渐尖。叶痕半圆形或马蹄形，芽眼与叶痕距离近。胶乳呈黄色。

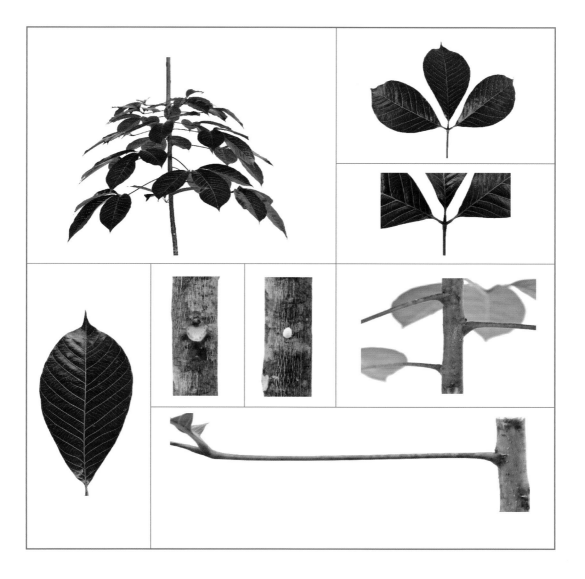

云研73-46

◎ 选育单位　云南热带作物科学研究所

◎ 品种来源　GT × PR107

◎ 植物学特征　叶蓬弧形至半球形。大叶柄直，呈上仰姿态。三小叶靠近或分离，中间小叶与侧小叶相似度低，侧小叶基部对称。叶色深绿，光泽度强，叶缘具大波浪，叶片倒卵形，叶顶部芒尖，基部渐尖。叶痕半圆形或马蹄形，芽眼与叶痕距离近。胶乳呈白色。

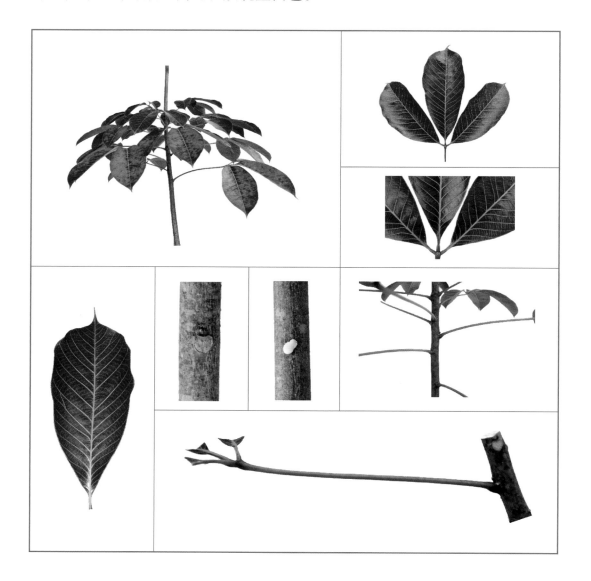

云研75-1

◎ **选育单位**　云南热带作物科学研究所

◎ **品种来源**　GT1 × 云研 277-5

◎ **植物学特征**　叶蓬半球形。大叶柄"S"形，呈平伸姿态。三小叶重叠，中间小叶与侧小叶相似度低，侧小叶基部对称。叶色绿，有光泽，叶缘具大波浪，叶片倒卵形，叶顶部芒尖，基部渐尖。叶痕近圆形或马蹄形，芽眼与叶痕距离近。胶乳呈白色。

云研77-2

◎ 选 育 单 位　云南热带作物科学研究所

◎ 品 种 来 源　GT1 × PR107

◎ 植物学特征　叶蓬半球形。大叶柄直，呈上仰姿态。三小叶分离，中间小叶与侧小叶相似度高，侧小叶基部对称。叶色深绿，光泽度强，叶缘具中波浪，叶片倒卵形，叶顶部渐尖，基部渐尖。叶痕近圆形或马蹄形，芽眼与叶痕距离近。胶乳呈白色。

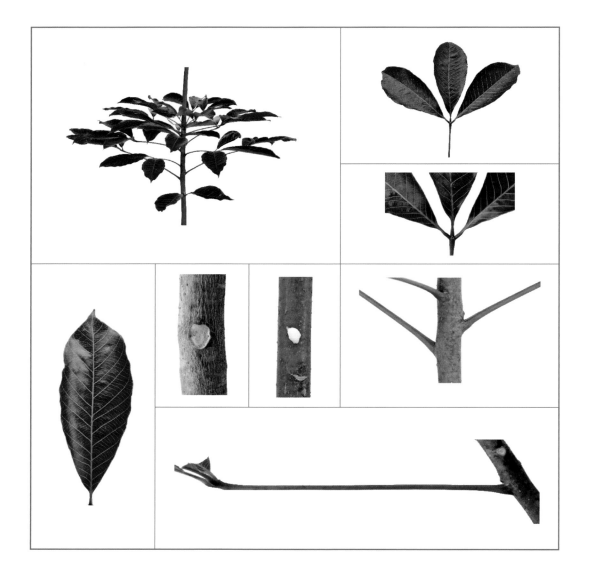

云研77-4

◎ 选 育 单 位　云南热带作物科学研究所

◎ 品 种 来 源　GT1 × PR107

◎ 植物学特征　叶蓬半球形。大叶柄直，呈上仰姿态。三小叶分离，中间
小叶与侧小叶相似度低，侧小叶基部对称。叶色绿，有光泽，叶缘具小波
浪，叶片倒卵状椭圆形，叶顶部芒尖，基部楔形。叶痕马蹄形或心脏形，芽
眼与叶痕距离近。胶乳呈白色。

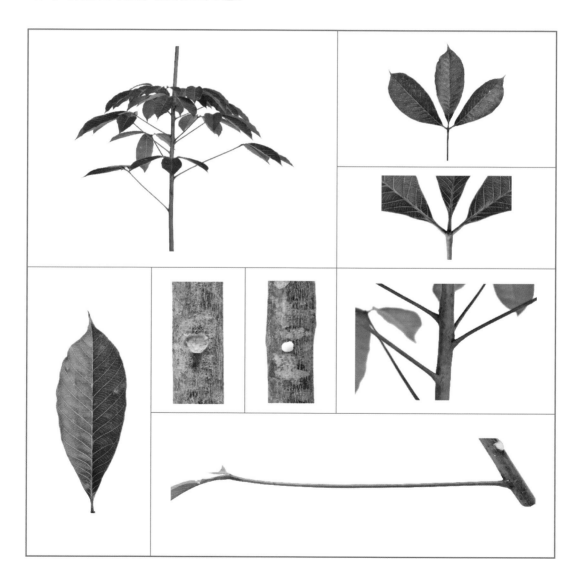

云研74-625

◎ **选 育 单 位**　云南热带作物科学研究所

◎ **品 种 来 源**　RRIM623 × PR228

◎ **植物学特征**　叶蓬截顶圆锥形。大叶柄直，呈上仰姿态。三小叶靠近，中间小叶与侧小叶相似度低，侧小叶基部对称。叶色深绿，有光泽，叶缘具大波浪，叶片倒卵状椭圆形，叶顶部芒尖，基部渐尖。叶痕心脏形或马蹄形，芽眼与叶痕距离近。胶乳呈白色。

云研80-1983

◎ 选育单位　云南热带作物科学研究所

◎ 品种来源　云研 277-5 × IRCI22

◎ 植物学特征　叶蓬半球形。大叶柄直，呈平伸姿态。三小叶分离，中间小叶与侧小叶相似度低，侧小叶基部对称。叶色深绿，有光泽，叶缘具中到大波浪，叶片倒卵形，叶顶部急尖，基部楔形。叶痕三角形或马蹄形，芽眼与叶痕距离近。胶乳呈白色。

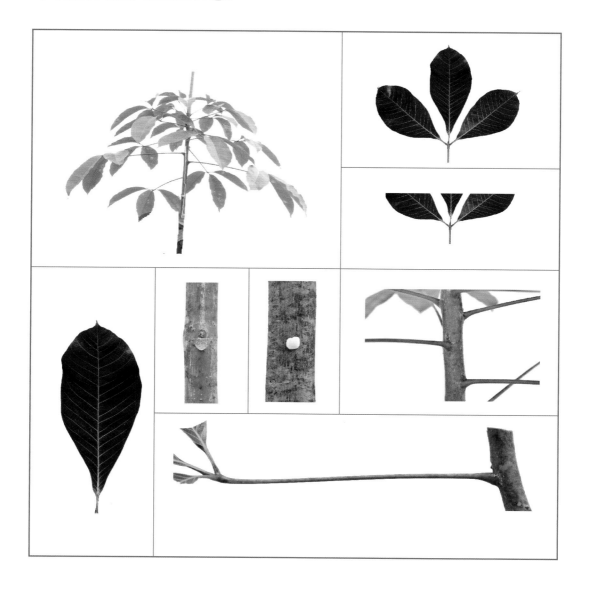

云研116

◎ **选育单位**　云南热带作物科学研究所

◎ **品种来源**　不明

◎ **植物学特征**　叶蓬截顶圆锥形。大叶柄直，呈下垂姿态。三小叶显著分离，中间小叶与侧小叶相似度低，侧小叶基部外斜。叶色深绿，光泽度强，叶缘具大波浪，叶片倒卵形，叶顶部芒尖，基部渐尖。叶痕半圆形或马蹄形，芽眼与叶痕距离近。胶乳呈白色。

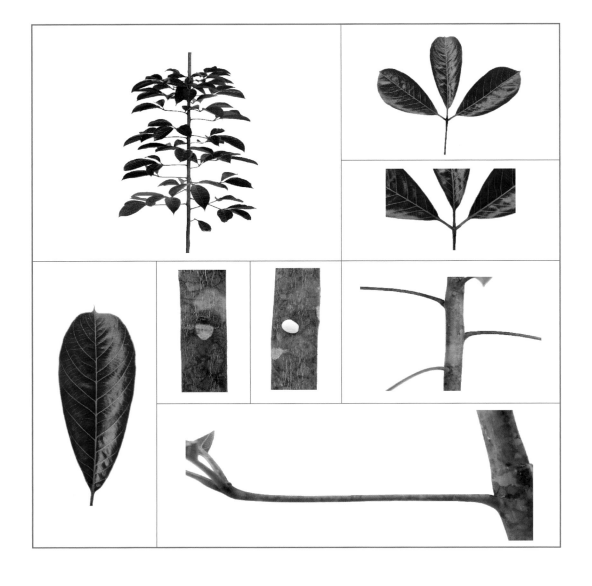

云研148

◎ 选 育 单 位　云南热带作物科学研究所

◎ 品 种 来 源　不明

◎ 植物学特征　叶蓬圆锥形。大叶柄直，呈平伸姿态。三小叶靠近，中间小叶与侧小叶相似度低，侧小叶基部对称。叶色绿，光泽度弱，叶缘具大波浪，叶片倒卵状椭圆形，叶顶部芒尖，基部渐尖。叶痕近圆形，芽眼与叶痕距离近。胶乳呈白色。

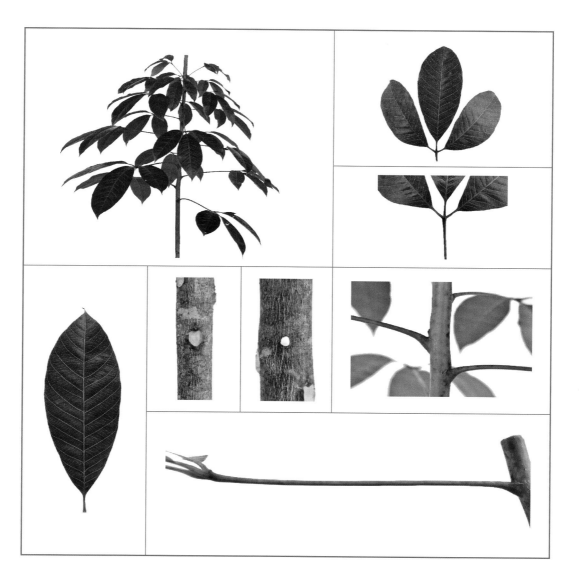

云研154

◎ 选 育 单 位　云南热带作物科学研究所

◎ 品 种 来 源　不明

◎ 植物学特征　叶蓬弧形。大叶柄直，呈平伸姿态。三小叶分离，中间小叶与侧小叶相似度低，侧小叶基部对称。叶色深绿，有光泽，叶缘具大波浪，叶片倒卵状椭圆形，叶顶部芒尖，基部钝形。叶痕心脏形，芽眼与叶痕距离近。胶乳呈浅黄色。

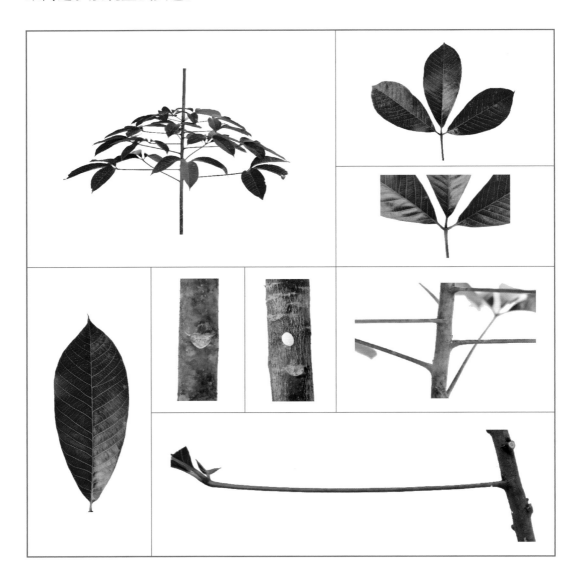

云研155

◎ 选 育 单 位　云南热带作物科学研究所

◎ 品 种 来 源　不明

◎ 植物学特征　叶蓬半球形。大叶柄直，呈平伸姿态。三小叶显著分离，中间小叶与侧小叶相似度高，侧小叶基部对称。叶色深绿，有光泽，叶缘具大波浪，叶片倒卵形，叶顶部渐尖，基部渐尖。叶痕马蹄形或心脏形，芽眼与叶痕有一定距离。胶乳呈白色。

云研163

◎ **选 育 单 位**　云南热带作物科学研究所

◎ **品 种 来 源**　不明

◎ **植物学特征**　叶蓬半球形。大叶柄直，呈下垂姿态。三小叶分离，中间小叶与侧小叶相似度高，侧小叶基部对称。叶色深绿，光泽度弱，叶缘具大波浪，叶片倒卵形，叶顶部急尖，基部楔形。叶痕心脏形或马蹄形，芽眼与叶痕距离近。胶乳呈白色。

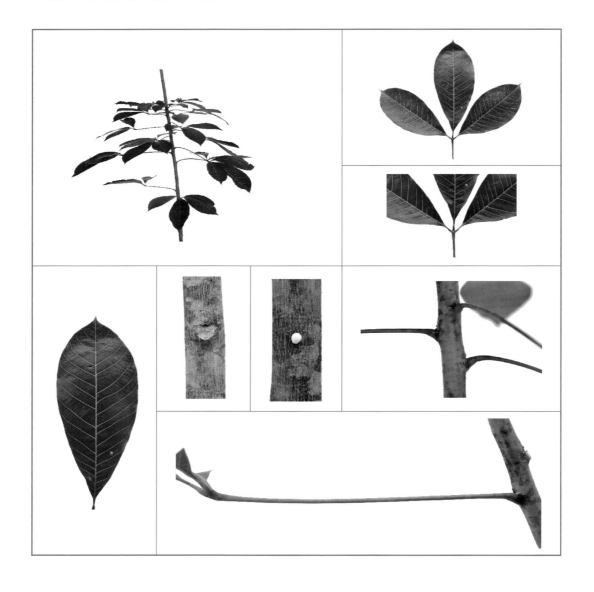

云研165

○ **选 育 单 位**　云南热带作物科学研究所

○ **品 种 来 源**　不明

○ **植物学特征**　叶蓬半球形。大叶柄直，呈上仰姿态。三小叶靠近或重叠，中间小叶与侧小叶相似度低，侧小叶基部内斜。叶色深绿，光泽度强，叶缘具小波浪，叶片倒卵形，叶顶部急尖，基部渐尖。叶痕马蹄形或心脏形，芽眼与叶痕距离近。胶乳呈白色。

云研274

◎ 选 育 单 位　云南热带作物科学研究所

◎ 品 种 来 源　不明

◎ 植物学特征　叶蓬半球形。大叶柄直，呈平伸姿态。三小叶分离，中间小叶与侧小叶相似度高，侧小叶基部对称。叶色深绿，有光泽，叶缘具大波浪，叶片倒卵状椭圆形，叶顶部芒尖，基部渐尖。叶痕心脏形或马蹄形，芽眼与叶痕有一定距离。胶乳呈白色。

云研275

◎ **选 育 单 位**　云南热带作物科学研究所

◎ **品 种 来 源**　不明

◎ **植物学特征**　叶蓬截顶圆锥形。大叶柄直，呈平伸姿态。三小叶分离，中间小叶与侧小叶相似度低，侧小叶基部内斜。叶色绿，光泽度弱，叶缘具中波浪，叶片倒卵状椭圆形，叶顶部芒尖，基部楔形。叶痕马蹄形或心脏形，芽眼与叶痕有一定距离。胶乳呈白色。

云研277-5

◎ 选育单位　云南热带作物科学研究所

◎ 品种来源　PB5/63 × Tjir1

◎ 植物学特征　叶蓬半球形。大叶柄直，呈平伸姿态。三小叶分离，中间小叶与侧小叶相似度高，侧小叶基部对称。叶色深绿，光泽度弱，叶缘具大波浪，叶片倒卵形，叶顶部急尖，基部渐尖。叶痕心脏形或马蹄形，芽眼与叶痕距离近。胶乳呈浅黄色。

云研632

○ 选 育 单 位　云南热带作物科学研究所

○ 品 种 来 源　不明

○ 植物学特征　叶蓬截顶圆锥形。大叶柄直，呈上仰姿态。三小叶靠近，中间小叶与侧小叶相似度低，侧小叶基部对称。叶色深绿，光泽度强，叶缘具大波浪，叶片长倒卵形，叶顶部芒尖，基部楔形。叶痕心脏形或马蹄形，芽眼与叶痕距离近。胶乳呈白色。

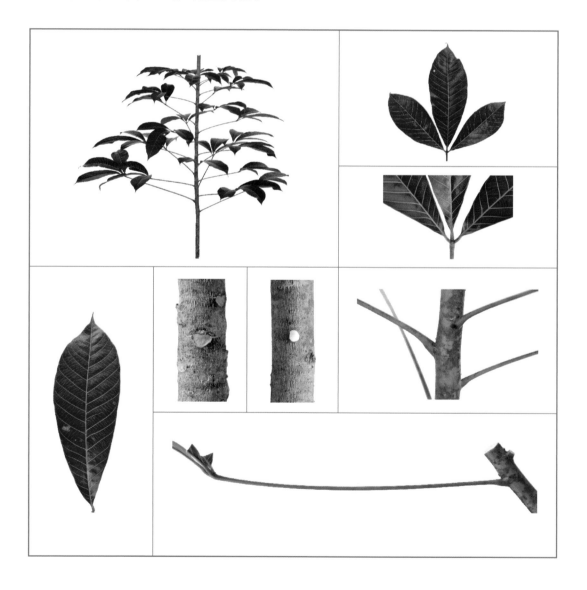

湛试8-67-3

◎ 选 育 单 位　广东粤西试验站选育，广东粤西试验站和广西东方农场选出

◎ 品 种 来 源　天任 31-45 × PR107

◎ 植物学特征　叶蓬半球形。大叶柄直，呈平伸姿态。三小叶分离，中间小叶与侧小叶相似度低，侧小叶基部对称。叶色绿，光泽度弱，叶缘具中波浪，叶片倒卵状椭圆形，叶顶部芒尖，基部渐尖。叶痕心脏形或马蹄形，芽眼与叶痕距离远。胶乳呈白色。

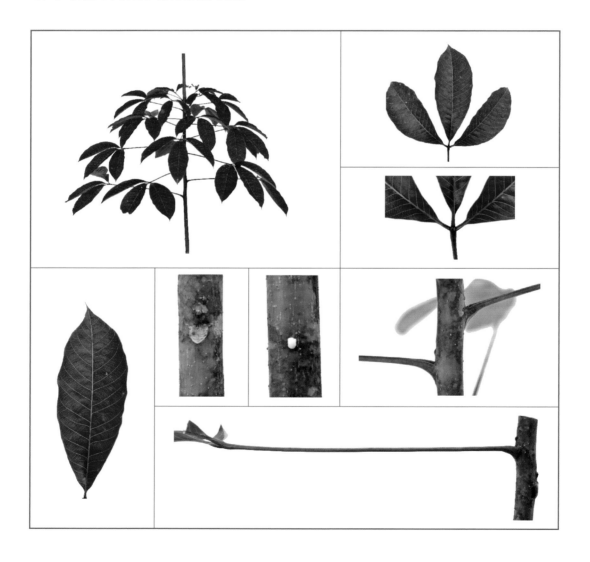

湛试219-8

◎ 选 育 单 位　中国热带农业科学院南亚热带作物科学研究所
◎ 品 种 来 源　湛试 7-67-1 × 湛试 29-2
◎ 植物学特征　叶蓬半球形。大叶柄直，呈平伸姿态。三小叶显著分离，中间小叶与侧小叶相似度低，侧小叶基部对称。叶色深绿，光泽度强，叶缘具中波浪，叶片椭圆形，叶顶部渐尖，基部渐尖。叶痕心脏形或马蹄形，芽眼与叶痕距离近。胶乳呈白色。

湛试312-10

◎ **选 育 单 位** 中国热带农业科学院南亚热带作物科学研究所

◎ **品 种 来 源** 93-114 × RRIM600

◎ **植物学特征** 叶蓬圆锥形。大叶柄直，呈平伸姿态。三小叶分离，中间小叶与侧小叶相似度低，侧小叶基部外斜。叶色深绿，光泽度强，叶缘具小波浪，叶片倒卵形，叶顶部急尖，基部楔形。叶痕马蹄形或半圆形，芽眼与叶痕距离近。胶乳呈白色。

湛试327-13

◎ **选育单位** 中国热带农业科学院南亚热带作物科学研究所、中国热带农业科学院湛江实验站

◎ **品种来源** 93-114 × PR107

◎ **植物学特征** 叶蓬半球形。大叶柄直，呈上仰姿态。三小叶分离，中间小叶与侧小叶相似度低，侧小叶基部对称。叶色深绿，光泽度强，叶缘具中波浪，叶片倒卵状椭圆形，叶顶部渐尖，基部渐尖。叶痕心脏形或马蹄形，芽眼与叶痕距离近。胶乳呈白色。

湛试366-2

◎ 选 育 单 位　中国热带农业科学院南亚热带作物科学研究所

◎ 品 种 来 源　GT1 × PR107

◎ 植物学特征　叶蓬半球形。大叶柄直，呈平伸姿态。三小叶分离，中间小叶与侧小叶相似度低，侧小叶基部对称。叶色深绿，有光泽，叶缘具大波浪，叶片倒卵状椭圆形，叶顶部渐尖，基部渐尖。叶痕心脏形或马蹄形，芽眼与叶痕距离近。胶乳呈白色。

湛试485-2

◎ **选 育 单 位**　中国热带农业科学院南亚热带作物科学研究所

◎ **品 种 来 源**　GT1 × PR107

◎ **植物学特征**　叶蓬弧形至半球形。大叶柄直，呈平伸姿态。三小叶分离，中间小叶与侧小叶相似度低，侧小叶基部外斜。叶色深绿，光泽度弱，叶缘具大波浪或无，叶片倒卵形，叶顶部急尖，基部渐尖。叶痕心脏形或马蹄形，芽眼与叶痕距离近。胶乳呈白色。

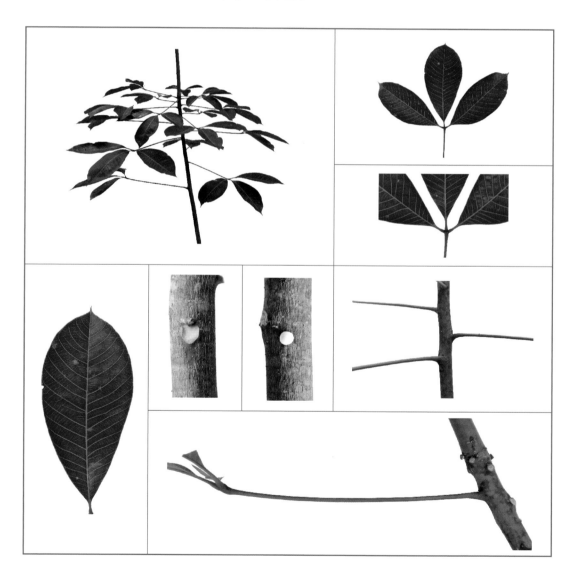

湛试485-72

◎ **选育单位**　中国热带农业科学院南亚热带作物科学研究所

◎ **品种来源**　93-114 × IAN873

◎ **植物学特征**　叶蓬半球形。大叶柄直，呈平伸姿态。三小叶显著分离，中间小叶与侧小叶相似度低，侧小叶基部外斜。叶色深绿，有光泽，叶缘具大波浪或无，叶片倒卵状椭圆形，叶顶部渐尖，基部渐尖。叶痕心脏形或马蹄形，芽眼与叶痕距离近。胶乳呈白色。

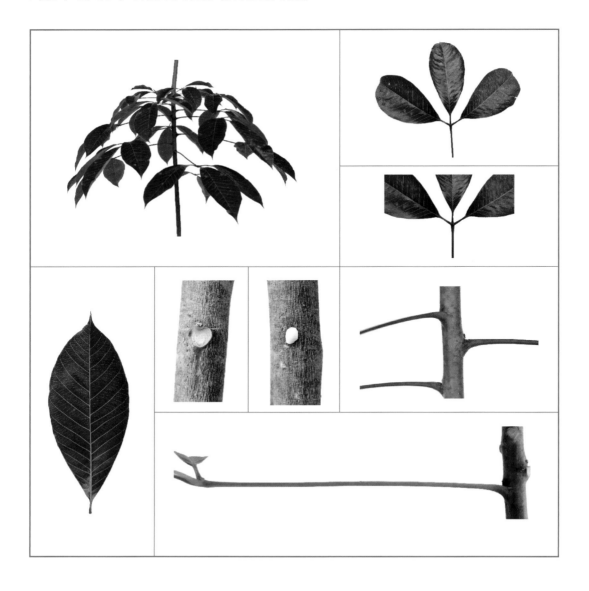

湛试511

◎ **选 育 单 位**　中国热带农业科学院南亚热带作物科学研究所

◎ **品 种 来 源**　IAN873 × 湛试 336-2

◎ **植物学特征**　叶蓬半球形至截顶圆锥形。大叶柄直，呈平伸姿态。三小叶分离，中间小叶与侧小叶相似度低，侧小叶基部内斜。叶色深绿，光泽度强，叶缘具中波浪，叶片椭圆形，叶顶部渐尖，基部渐尖。叶痕心脏形或马蹄形，芽眼与叶痕距离远。胶乳呈白色。

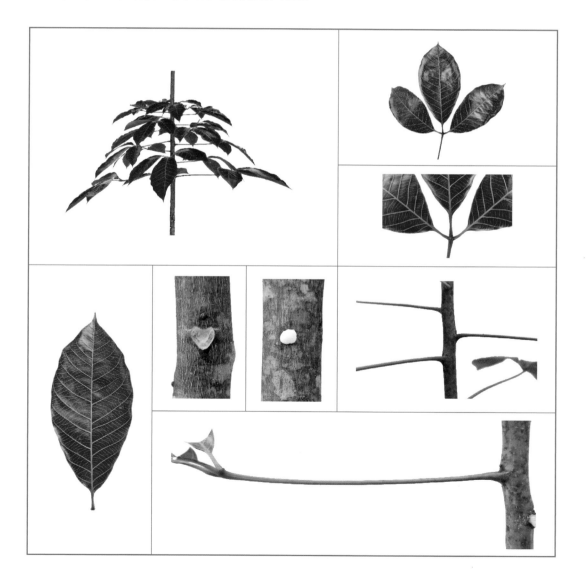

湛试584-1

◎ **选 育 单 位**　　中国热带农业科学院南亚热带作物科学研究所

◎ **品 种 来 源**　　湛试 402-1 × PR107

◎ **植物学特征**　　叶蓬半球形。大叶柄直，呈平伸姿态。三小叶分离，中间小叶与侧小叶相似度低，侧小叶基部内斜。叶色深绿，光泽度强，叶缘具小波浪，叶片倒卵状椭圆形，叶顶部急尖，基部渐尖。叶痕马蹄形或心脏形，芽眼与叶痕距离近。胶乳呈白色。

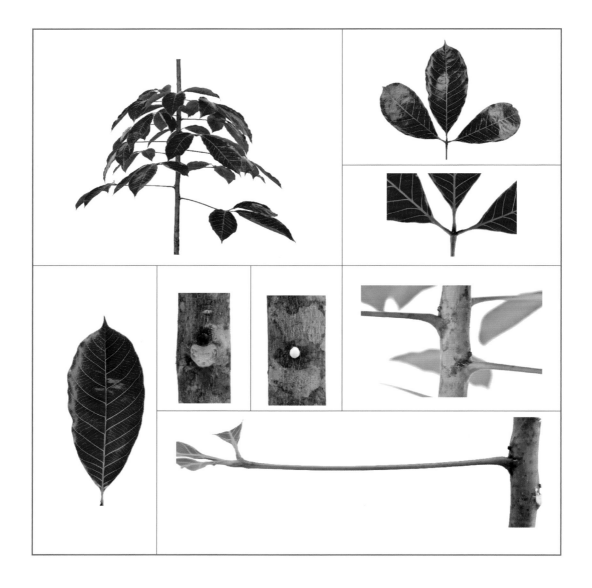

湛试603-2

◎ 选 育 单 位　中国热带农业科学院南亚热带作物科学研究所
◎ 品 种 来 源　湛试 78-7×PR107
◎ 植物学特征　叶蓬弧形至半球形。大叶柄直，呈上仰姿态。三小叶分离，中间小叶与侧小叶相似度中等，侧小叶基部对称。叶色绿，光泽度弱，叶缘具小到中波浪，叶片倒卵状椭圆形，叶顶部芒尖，基部渐尖。叶痕心脏形或马蹄形，芽眼与叶痕距离近。胶乳呈白色。

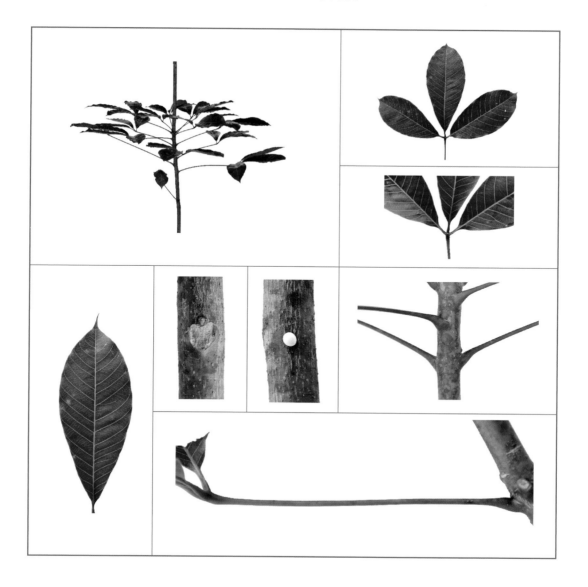

针选1号

◎ **选育单位** 海南保亭热带作物研究所、海南国营南茂农场

◎ **品种来源** PB28/59 × RRIM600

◎ **植物学特征** 叶蓬圆锥形。大叶柄直，呈平伸姿态。三小叶显著分离，中间小叶与侧小叶相似度低，侧小叶基部内斜。叶色深绿，有光泽，叶缘具大波浪，叶片倒卵状椭圆形，叶顶部芒尖，基部渐尖。叶痕心脏形或马蹄形，芽眼与叶痕距离近。胶乳呈白色。

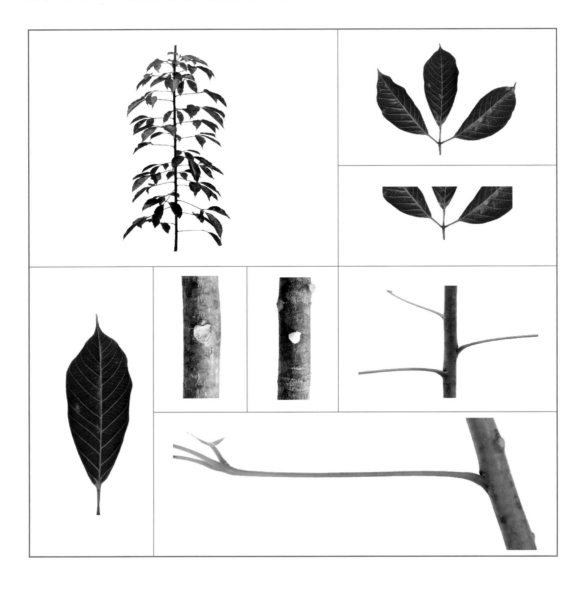